高等职业教育"十三五"规划教材

高 职 高 专 教 育 精 品 教 材

数控编程与操作

主 编 杨 萍

副主编 王银月

徐萌利

上海交通大学出版社

SHANGHAI JIAO TONG UNIVERSITY PRESS

内容提要

本书以 FANUC 0i 系统为例,介绍了数控机床的基本知识,数控机床编程的基本知识,数控车床与铣床的编程操作等内容。

本书以项目的形式编写,共设计了轴类、槽类、螺纹类及综合类零件的编程与加工等 16 个项目,每个项目按照"项目导入"、"项目目标"、"项目分析"、"项目实施"、"项目拓展"的过程引导学生学习相关的知识和技能,使学生在学习后达到数控编程与操作的中高级职业技能水平。

本书可作为高职高专院校机械类专业的教学用书,也可作为中等职业技术学院相关专业的教材,也可供从事相关工作的技术人员参考。

图书在版编目(CIP)数据

数控编程与操作/杨萍主编.—上海:上海交通大学出版社,2015(2022 重印)
ISBN 978-7-313-13483-7

Ⅰ.①数… Ⅱ.①杨… Ⅲ.①数控机床-程序设计-高等职业教育-教材
②数控机床-操作-高等职业教育-教材 Ⅳ.①TG659

中国版本图书馆 CIP 数据核字(2015)第 166911 号

数控编程与操作

主　　编:杨　萍

出版发行 上海交通大学出版社　　　　　　地　　址:上海市番禺路 951 号
邮政编码 200030　　　　　　　　　　　　电　　话:021-64071208
印　　制 上海天地海设计印刷有限公司　　经　　销:全国新华书店
开　　本 787mm×1092mm　1/16　　　　　印　　张:12
字　　数 281 千字
版　　次 2015 年 12 月第 1 版　　　　　　印　　次:2022 年 1 月第 3 次印刷
书　　号 ISBN 978-7-313-13483-7
定　　价 36.00 元

前　　言

随着我国制造业的大力发展,数控技术作为先进制造技术和先进生产力的代表,近年来得到不断的发展与提升。数控加工渗透到各行各业,数控加工技术覆盖多个领域。制造业的发展,急需大批数控加工操作的高级技术人才。

为了适应我国高等职业技术教育发展及数控应用型技术人才培养的需要,我们根据高职院校数控教学的特点,并借鉴在数控机床岗位从事操作的人员的经验,编写一本既能适应教学需要,又能指导学生实际操作的教材,即《数控编程与操作》一书。

本书力图做到简明扼要,重点突出,层次分明,理论结合实际。该书一共四章,第一章介绍了数控机床的基础知识,包括数控机床的概念、发展、组成、工作原理等;第二章介绍了数控编程的基础知识,包括数控编程的步骤、结构、坐标系等;第三章和第四章分别介绍了数控车床和数控铣床的编程与操作,以项目的形式由浅入深地讲述知识点,并辅以大量的操作实例。

本教材的作者均为来自高校的教师和企业的专家,编写分工如下:全书由杨萍负责统稿,王银月负责第一章和第二章的编写,徐萌利负责第三章的编写,高俊军和朱建平负责实训案例的编写。

本书在编写过程中,参阅了大量的专业书籍和高校教材,融入行业标准,得到了从事数控技术工作的专家和企业能工巧匠的宝贵建议,在此致以衷心的感谢。

目　　录

第1章 数控机床基本知识

1.1 数控和数控机床的概念

数控加工技术是伴随着数控机床的产生而出现并随其发展而得以逐步完善的一种应用技术,是人们进行大量数控加工实践的总结。数控加工工艺就是使用数控机床加工零件所采用的各种技术方法。与传统加工工艺相比较,在许多方面,它们遵循的原则基本上一致,只是数控机床比传统机床具有更多的功能,可以加工普通机床难以加工或不能加工的具有复杂形面的零件。

下面简单介绍几个相关名词。

数控:一种自动化控制技术,用数字信号控制机床的运动和加工过程。

数控机床:采用了数控技术的机床,也可以指装备了数控系统的机床。

数控系统:一种程序控制系统,能逻辑的处理输入到系统中具有特定代码的程序,并将其译码,输出各种信号,从而控制机床各个部分进行规定的、有序的动作,从而加工零件。

数控程序:输入数控系统中的,使数控机床执行一个确定的加工任务的、具有特定代码和其他符号的一系列指令,又称为零件程序。

数控编程:生成数控程序的过程。

数控加工:把根据零件图样及工艺要求编制的数控程序输入数控系统,控制数控机床的运动和加工,从而完成零件的加工。

1.2 数控机床的产生与发展

数控机床的产生、发展主要有以下两方面原因。

1. 机械产品技术要求逐渐提高

随着科学技术和社会生产的迅速发展,机械产品日趋复杂,社会对机械产品的质量和生产率提出了越来越高的要求。特别是在航空航天、造船和计算机等工程中,零件精度高、形状复杂、多品种、小批量、加工困难、劳动强度大,传统的机械加工方法已经难以保证质量和零件的互换性。零件加工迫切需要一种精度高、柔性好的加工设备。

2. 科学技术的飞速发展和交叉应用

电子技术、计算机技术、传感技术、通信技术、自动控制技术等多学科技术的飞速发展和

交叉应用是数控机床产生的技术保障。

1948年美国空军部门提供设备研究经费,组织 Parsons 公司与 MIT(麻省理工学院)合作研究制造复杂的飞机零件。1952年,世界上第一台数控铣床研制成功,它可以进行直线插补,加工直升机叶片轮廓检查样板。该机床的诞生,标志着电子技术、通信技术、自动控制技术以及机电一体化技术等多学科技术在机械加工领域交叉应用的重大变革。

数控机床为单件、小批量生产的精密复杂零件提供了自动化加工手段。半个世纪以来,数控技术得到了迅猛的发展,加工精度和生产效率不断提高。数控机床的发展至今已经历了2个阶段和6个时代,分别是数控阶段和计算机数控阶段,以及数控机床的第1代到第6代。

数控(NC)阶段(1952年~1970年):早期的计算机运算速度慢,不能适应机床实时控制的要求,人们只好用数字逻辑电路"搭"成一台机床专用计算机作为数控系统,这就是硬件连接数控,简称数控(NC)。随着电子元器件的发展,这个阶段经历了3代,即1952年的第1代——电子管数控机床,1959年的第2代——晶体管数控机床,1965年的第3代——集成电路数控机床。

计算机数控(CNC)阶段(1970年至今):1970年,通用小型计算机已出现并开始成批生产,人们将它移植过来作为数控系统的核心部件,从此进入计算机数控阶段。这个阶段也经历了3代,即1970年的第4代——小型计算机数控机床,1974年的第5代——微型计算机数控系统,1990年的第6代——基于 PC 的数控机床。

随着微电子技术和计算机技术的不断发展,数控技术也随之不断更新,更新换代非常迅速,在制造领域的加工优势逐渐体现出来。当今的数控机床已经在机械加工中占有举足轻重的地位,是计算机直接数控(DNC)系统、柔性制造系统(FMS)、计算机集成制造系统(CIMS)、自动化工厂(FA)的基本组成单位。努力发展数控加工技术,并向更高层次的自动化、柔性化、敏捷化、网络化和数字化制造方向推进,是当前机械制造业发展的方向。

我国从1958年开始研制数控机床,1966年研制成功晶体管数控系统,并将样机应用于生产。1968年成功研制 X53K－1立式铣床。20世纪70年代初,加工中心研制成功。1980年,北京机床研究所引进了日本的 FANUC 数控系统5、系统7、系统3、系统6,上海机床研究所引进了美国 GE 公司的 MTC1 数控系统,辽宁精密仪器厂引进了美国 Bendix 公司的 Dynapth LTD10 数控系统。在引进、消化、吸收国外先进技术的基础上,北京机床研究所开发出 BS03 经济型数控系统和 BS04 全功能数控系统,航天部706所也研制出 MNC864 数控系统。"八五"期间,我国又组织近百个单位进行了以发展自主版权为目标的"数控技术攻关",从而为数控技术产业化奠定了基础。20世纪90年代末,华中数控公司自主开发出基于 PC 和 NC 的 HNC 数控系统,达到了国际先进水平,增强了我国数控机床在国际上的竞争力。近年来,我国在五轴联动的数控系统研究上做了大量工作,为柔性制造单元配套的数控系统也陆续开发出来。目前我国数控机床生产已经初步建立了以中低档为主的产业体系,为今后的发展奠定了基础,与发达国家的差距在不断缩小。

1.3　数控机床的组成

数控机床包括输入输出设备、数控装置、伺服控制系统、可编程控制器 PLC、机床本体、位置检测反馈装置以及操作面板等部分,如图1-1所示。而伺服控制系统又包括进给伺服系统、主轴驱动系统等。

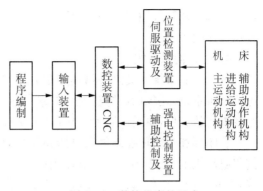

图 1-1　数控机床的组成

1. 输入输出设备

数控机床加工前,必须输入操作人员编好的零件加工程序。在加工过程中,要把加工状态,包括刀具的位置、各种报警信息等告诉操作人员,以便操作人员了解机床的工作情况,及时解决加工中出现的各种问题。这就是输入输出设备的作用。

常见的输入设备是键盘,此外还有光电阅读机和串行输入输出接口。光电阅读机用来读入记录在纸带上的加工程序,串行输入输出接口用来以串行通信的方式与上级计算机或其他数控机床传递加工程序。现在普遍流行两种输入方式:一种是操作人员利用键盘输入比较简单的数控程序、编辑修改程序和发送操作命令,即进行手动数据输入(Manual Data Input,简称 MDI);另一种是用 DNC 串行通信方式将比较复杂的数控程序由编程计算机直接传送至数控装置。

常见的输出设备是显示器,数控系统通过显示器为操作人员提供必要的信息。显示的信息一般包括正在编辑或运行的程序,以及当前的切削用量、刀具位置、各种故障信息、操作提示等。简单的显示器是由若干个数码管构成的七段 LED 显示器,这种显示器能显示的信息有限。高级的数控系统一般都配有 CRT 显示器或点阵式液晶显示器,显示信息丰富。高档的 CRT 显示器或液晶显示器除能显示字符外,还可以显示加工轨迹图形。

2. 数控装置

数控装置是数控机床的核心,包括微型计算机、各种接口电路、显示器等硬件及相应的软件。它能完成信息的输入、存储、变换、插补运算及各种控制功能。它接受输入装置送来的数字信息,经过控制软件和逻辑电路进行译码、运算和逻辑处理后,将各种指令信息输出给伺服系统,控制机床相应部位按规定的动作执行,加工出所需的零件。这些控制信号包括:各坐标轴的进给位移量、进给方向和速度的指令信号;主运动部件的变速、换向和启停指令信号;选择和交换刀具的刀具指令信号;控制冷却、润滑的启停,工件和机床部件松开、夹紧,分度工作台转位等的辅助信号等。其中,机床辅助动作信号通过 PLC 对机床电气的逻辑控制来实现。目前数控装置一般使用多个微处理器,以程序化的软件形式实现控制功能。

3. 操作面板

数控机床的操作是通过操作面板实现的,操作面板由数控面板和机床面板组成。数控面板是数控系统的操作面板,多数由显示器和手动数据输入(简称 MDI)键盘组成,又称为MDI 面板。显示器的下部常设有菜单选择键,用于选择菜单。键盘除各种符号键、数字键和功能键外,还可以设置用户定义键等。操作人员可以通过键盘和显示器,实现系统管理,对数控程序及有关数据进行输入、存储和编辑。在加工中,屏幕可以动态显示系统状态和故障诊断报警等。此外,数控程序及数据还可以通过磁盘(即软盘)或通信接口输入。

机床面板(Operator Panel)主要用于手动方式下对机床的操作,以及自动方式下对运动的控制或干预。其上有各种按钮与选择开关,用于机床及辅助装置的启停、加工方式选择、

速度倍率选择等,还有数码管及信号显示等。另外,数控系统的通信接口,如串行接口,常设置在操作面板上。

4. 进给伺服系统

进给伺服系统主要由进给伺服单元和伺服进给电动机组成。对于闭环和半闭环控制的进给伺服系统,还包括位置检测反馈装置。进给伺服单元接收来自 CNC 装置的运动指令,经变换和放大后,驱动伺服电动机运转,实现刀架或工作台的运动。

在闭环和半闭环控制伺服进给系统中,位置检测反馈装置安装在机床上(闭环控制)或伺服电动机上(半闭环控制),其作用是将机床或伺服电动机的实际位置信号反馈给 CNC 系统,以便与指令位移信号相比较,用其差值控制机床运动,达到消除运动误差,提高定位精度的目的。

一般说来,数控机床功能的强弱主要取决于 CNC 装置;而数控机床性能的优劣,如运动速度与精度等,则主要取决于伺服驱动系统。数控技术的不断发展使得对进给伺服驱动系统的要求越来越高,一般要求定位精度为 $0.01\sim0.001$ mm,高精设备要求达到 $0.000\ 1$ mm。为保证系统的跟踪精度,一般要求动态过程在 $200\ \mu s$,甚至几十微秒以内,同时要求超调要小;为保证加工效率,一般要求进给速度为 $0\sim24$ m/min,高档设备要求在 $0\sim240$ m/min 内连续可调。此外,要求低速时有较大的输出转矩。

5. 主轴驱动系统

主轴驱动系统主要由主轴伺服单元和主轴电动机组成。数控机床的主轴驱动与进给驱动区别很大,现代数控机床对主轴驱动提出了更高的要求,要求主轴具有很高的转速和很宽的无级调速范围,进给电动机一般是恒转矩调速,而主电动机除了有较大范围的恒转矩调速外,还要有较大范围的恒功率调速;电动机功率输出应为 $2.2\sim250$ kW,既能输出大的功率,又要求主轴结构简单。

对于数控车床,为了能加工螺纹和实现恒线速度切削,要求主轴和进给驱动能实现同步控制。对于加工中心,为了保证每次自动换刀时刀柄上的键槽对准主轴上的端面键,以及精镗孔后退刀时不会划伤已加工表面,要求主轴具有高精度的准停和分度功能。在加工中心上,为了能自动换刀,还要求主轴能实现正反方向的转动和加减速控制。现代数控机床绝大部分采用交流主轴驱动系统,由可编程序控制器进行控制。

6. 可编程序控制器(PLC)

PLC 和数控装置配合共同完成对数控机床的控制,数控装置主要完成与数字运算和管理等有关的功能,如零件程序的编辑、译码、插补运算、位置控制等;而 PLC 主要完成与逻辑运算有关的动作,将工件加工程序中的 M 代码、S 代码、T 代码等顺序动作信息,译码后转换成对应的控制信号,控制辅助装置完成机床的相应开关动作,如机床启停、工件装夹、刀具更换、切削液开关等一些辅助功能。PLC 是一种以微处理器为基础的通用型自动控制装置。PLC 接受来自机床操作面板和数控装置的指令,一方面通过接口电路直接控制机床的动作,另一方面将有关指令送往 CNC 用于加工过程控制。

CNC 系统中的 PLC 有内置型和独立型两种。内置型 PLC 与 CNC 是综合在一起设计的,又称集成型,是 CNC 的一部分。独立型 PLC 由独立的专业厂生产,又称外装型。

7. 检测反馈装置

检测反馈装置的工作原理,首先将机床的实际位置、速度等参数检测出来,转变成电信号,输送给数控装置;其次将机床的实际位置和速度与其指定位置和速度进行比较,继而由数控装置发出指令修正所产生的误差。目前数控机床上常用的检测反馈装置主要有光栅、磁栅、感应同步器、码盘、旋转变压器、测速发电机等。

8. 机床本体

机床本体是数控机床实现切削加工的机械结构部分,数控机床的机械结构的设计与制造要适应数控技术的发展。与普通机床相比,数控机床有以下特点:

（1）具有更高的精度、刚度、热稳定性和耐磨性。

（2）由于普遍采用了伺服电动机无级调速技术,机床进给运动和主传动的变速机构被极大地简化甚至取消。

（3）广泛采用滚珠丝杠、滚动导轨等高效、高精度传动部件。

（4）采用机电一体化设计与布局,机床布局主要考虑有利于提高生产率,而不像传统机床那样主要考虑操作方便。

（5）采用自动换刀装置、自动更换工件机构和数控夹具等。

1.4　数控机床的工作原理

1. 工作原理

如图 1-2 所示,先根据零件图的要求确定零件的加工的工艺过程、工艺参数和刀具数据,再按编程手册规定编写零件的加工程序,然后通过 MDI 或 DNC 方式输入到数控系统中,在数控系统的控制下进行处理和计算,发出指令,通过伺服系统使机床按规定轨迹运动,从而加工零件。

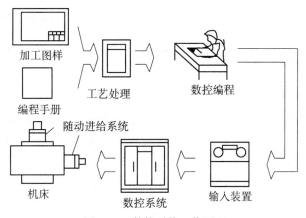

图 1-2　数控系统工作原理

2. 数控系统的工作过程

（1）输入:两种输入方式分别为边输入边加工和一次性输入分段加工。

（2）译码:将程序翻译成计算机识别的语言。

（3）数据处理:刀具补偿、速度计算和辅助功能处理。

（4）插补:在已知曲线种类、起点、终点以及进给速度后,在起点和终点之间进行数据点

的密化,精度越高,数据点越密集。

(5)伺服控制:将插补时完成的位置增量进行伺服计算,并将结果发送到伺服驱动接口中。

(6)程序管理:当一个曲线段开始插补时,管理程序即着手准备下一个程序的读入、译码、数据处理。整个零件就是这样周而复始完成的。

1.5 数控机床的分类

1. 按运动轨迹分类

1)点位控制数控机床

点位控制数控机床只要求获得准确的加工坐标点的位置。因为在移动过程中不进行任何加工,所以对运动轨迹并无要求。几个坐标轴之间的运动无任何联系,可以几个坐标同时向目标点运动,也可以各个坐标单独依次运动。为提高生产效率以及保证定位精度,刀具或工件一般会快速接近目标点,然后低速准确移动至定位点,运动如图1-3所示。

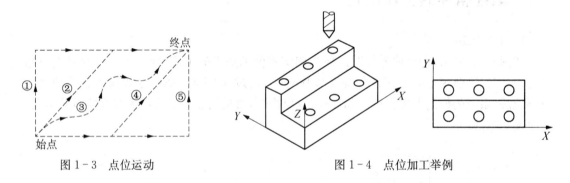

图1-3 点位运动   图1-4 点位加工举例

这类数控机床主要有数控坐标镗床、数控钻床、数控冲床、数控点焊机等,点位数控加工举例如图1-4所示。

2)直线控制数控机床

直线控制数控机床不仅要控制终点位置,还能沿平行于坐标轴或与坐标轴成45°夹角的斜线方向做直线轨迹的切削加工,同时进给速度根据切削条件可在一定范围内变化。这类控制方式仅用于简易的数控车床、数控铣床上,如图1-5所示。现代组合机床采用数控进给伺服系统,驱动动力头带有多轴箱的轴向进给进行钻镗加工,它也可算做一种直线控制数控机床。

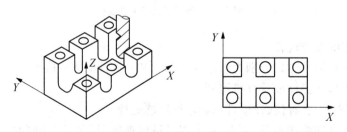

图1-5 直线加工举例

3）轮廓控制数控机床

轮廓控制数控机床又称为连续控制数控机床。其特点是能够对两轴及以上运动坐标的位移及速度进行连续控制，使合成的平面或空间的运动轨迹能满足零件轮廓的要求，如图1-6所示。这类控制形式的数控装置必须有插补运算的功能，能根据加工程序输入的基本数据（如直线或圆弧的起点、终点坐标，圆心坐标或半径等），通过数控系统的插补运算，把直线或曲线的相关坐标点计算出来，并且一边计算一边根据计算结果控制多个坐标轴进行协调运动。这种机床能控制整个加工轮廓每一点的速度和位移，将工件加工成要求的轮廓形状。现在计算机数控装置的控制功能均由软件实现，增加轮廓控制功能不会带来成本的增加。因此，除少数专用控制系统外，目前市场上广泛使用的数控设备都是轮廓控制系统。

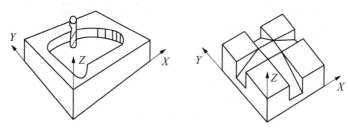

图1-6 同时控制两个坐标的轮廓控制

2. 按伺服系统类型分类

1）开环控制数控机床

图1-7为开环控制数控机床系统。这类控制的数控机床的控制系统没有位置检测元件，伺服驱动部件通常为反应式步进电动机或混合式伺服步进电动机。数控系统每发出一个进给指令，经驱动电路功率放大后，驱动步进电机旋转一个角度，再经过齿轮减速装置带动丝杠旋转，通过丝杠螺母机构转换为移动部件的直线位移。移动部件的移动速度与位移量是由输入脉冲的频率与脉冲数所决定的。此类数控机床的信息流是单向的，即进给脉冲发出去后，实际移动值不再反馈回来，所以称为开环控制数控机床。

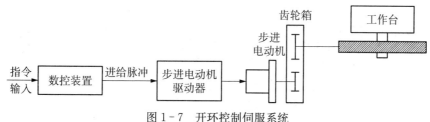

图1-7 开环控制伺服系统

开环控制系统的数控机床结构简单、成本较低、工作稳定、反应快、调试维修方便，但是系统对移动部件的实际位移量不进行检测，也就不能进行误差校正。因此，步进电动机的失步、步距角误差、齿轮与丝杠等传动误差都将影响被加工零件的精度，导致这类机床控制精度较低。开环控制系统仅适用于加工精度要求不高的中小型数控机床，多用于经济型数控机床或旧机床进行数控化改造。

2）闭环控制数控机床

闭环控制数控机床是在机床移动部件上直接安装直线位移检测装置，直接对工作台的实际位移进行检测，将测量的实际位移值反馈到数控装置中，与输入的指令位移值进行比较，用偏差进行控制，使移动部件按照实际需要的位移量运动，最终实现移动部件的精确定位。从理论上讲，闭环系统的运动精度主要取决于检测装置的检测精度，与传动链的误差无关，因此控制精度高。图1-8为闭环控制数控机床的系统，A为速度传感器，C为直线位移传感器。这类控制的数控机床，因把机床工作台纳入了控制环节，故称为闭环控制数控机床。

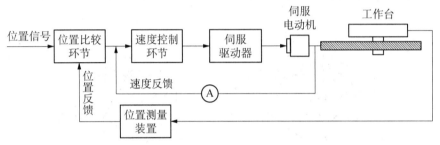

图1-8　闭环控制伺服系统

闭环控制数控机床的定位精度高，但调试和维修都较困难，系统复杂，成本很高，主要用于精度要求高的数控机床，如精密镗铣床、超精密数控车床等。

3）半闭环数控机床

半闭环控制数控机床是在伺服电动机的轴端或传动丝杠上端部装有角位移电流检测装置（如光电编码器、感应同步器等），通过检测伺服电动机或者丝杠的转角间接地检测移动部件的实际位移，然后反馈到数控装置中去，并对误差进行修正。图1-9为半闭环控制数控机床的系统，通过测速元件和光电编码盘可间接检测出伺服电动机的转速，从而推算出工作台的实际位移量，将此值与指令值进行比较，用差值来实现控制。由于惯性较大的机床移动部件没有包括在控制回路中，因而称为半闭环控制数控机床。

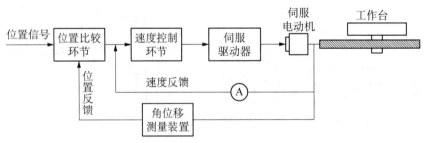

图1-9　半闭环伺服系统

半闭环控制数控系统的环路内不包括惯性较大的滚珠丝杠螺母副及工作台，所以控制比较稳定，调试比较方便。此类机床大多将角度检测装置和伺服电动机设计成一体，使结构更加紧凑。但是，这类系统不能补偿部分装置的传动误差，因此加工精度低于闭环控制系统。目前，半闭环控制系统广泛应用于中档数控机床。

4）混合控制数控机床

混合控制数控机床是将以上 3 类数控机床的特点有机地结合。一般适用于大型或重型数控机床。因为大型或重型数控机床需要较高的进给速度与相当高的精度，其传动链惯量与力矩均较大，如果采用全闭环控制，机床传动链和工作台则全部置于控制闭环中，闭环调试比较复杂。而采用混合控制系统，既能保证加工效率又能保证加工精度。

3. 按加工方式分类

1）金属切削类

金属切削类数控机床分为普通数控机床和加工中心两大类。

普通数控机床：与传统的车、铣、钻、磨、齿轮加工相对应，普通数控机床包括数控车床、数控铣床、数控钻床、数控磨床、数控齿轮加工机床等。尽管这些数控机床在加工工艺方法上存在很大差别，具体的控制方式也各不相同，但机床的动作和运动都是数字化控制的，具有较高的生产效率和自动化程度。

加工中心：在普通数控机床上加装一个刀库和换刀装置就成为加工中心。加工中心进一步提高了普通数控机床的自动化程度和生产效率。例如，具有钻、镗、铣加工功能的加工中心，它在数控铣床基础上增加了一个容量较大的刀库和自动换刀装置，工件一次装夹后，可以对箱体零件的 4 个面甚至 5 个面的大部分进行铣、镗、钻、扩、铰以及攻螺纹等多个工序进行加工，特别适合箱体类零件的加工。加工中心可以有效地减小工件多次安装造成的定位误差，并且减少了数控机床的配置台数和占地面积，缩短了辅助时间，大大提高了生产效率和加工质量。

2）特种加工类

除了切削加工数控机床以外，数控技术也大量用于特种加工领域。特种加工数控机床主要包括数控电火花线切割机床、数控电火花成型机床、数控等离子弧切割机床、数控火焰切割机床以及数控激光加工机床等。

3）金属成型类

这类机床主要是指使用挤、冲、压、拉等成型工艺的数控机床，如数控压力机、数控折弯机、数控弯管机等。

4）测量测绘类

主要包括采用数控技术的数控多坐标测量机、自动绘图仪、对刀仪等。

4. 按数控系统功能水平分类

数控机床按数控系统的功能水平可以分为高、中、低三档，即全功能型、普通型、经济型。他们的区分主要表现在分辨率和进给速度、伺服进给类型、联动轴数、通信能力、显示功能、内装 PLC、主 CPU 等方面。性能比较如表 1-1 所示。

表 1-1　数控机床性能比较

性能类别	CPU 位数	联动轴数	分辨率（μm）	进给速度（m/min）	显示
全功能型	32	5	＜0.1	＞24	三维动态
普通型	16	3	0.1～10	10～24	字符图形
经济型	8	＜3	＜10	＜10	字符

1.6 数控机床的特点

相对传统的机械加工,数控机床加工有如下特点:

1. 自动化程度高,具有很高的生产效率

除手工装夹毛坯外,其余全部加工过程都可由数控机床自动完成。若配合自动装卸手段,则是无人控制工厂的基本组成环节。数控加工减轻了操作者的劳动强度,改善了劳动条件,省去了画线、多次装夹定位、检测等工序及其辅助操作,有效地提高了生产效率。

2. 加工精度高,产品质量稳定

加工尺寸精度在 0.005～0.01 mm 之间,不受零件复杂程度的影响。由于大部分操作都由机器自动完成,因而消除了人为误差,提高了批量零件尺寸的一致性,同时精密控制的机床上还采用了位置检测装置,更加提高了数控加工的精度。

3. 对加工对象的适应性强,具有高度的柔性

改变加工对象时,除了更换刀具和解决毛坯装夹方式外,只需重新编程即可,不需要作其他任何复杂的调整,从而缩短了生产准备周期。

4. 能实现复杂零件的加工

随着 CAD/CAM 技术的飞速发展,利用图形自动编程软件可以便捷地生成复杂型面的加工程序,而且,由于数控机床采用计算机插补技术以及多坐标联动控制,可以在加工程序的控制下实现任意的轨迹运动。随着多轴技术的迅速发展,数控机床可以方便地加工出任何形状复杂的空间曲面,如汽轮机叶轮、螺旋桨、汽车覆盖件冲压模具等复杂零件。

5. 易于建立与计算机之间的通信联络,容易实现群体管理和控制

由于机床采用数字信息控制,易于与计算机辅助设计系统形成 DNC 连接,形成 CAD/CAM 一体化系统,并且可以建立各机床之间的联系,容易实现群体控制。

6. 便于实现现代化生产管理

使用数控机床加工工件,可以预先精确估算出工件的加工时间,所使用的刀具、夹具可进行规范化、现代化管理。数控机床使用数字信号与标准代码为控制信息,易于实现加工信息的标准化处理。特别是数控机床与计算机辅助设计和制造技术(CAD/CAM)有机结合,形成了现代集成制造技术的基础。

7. 调试和维修复杂

由于数控机床结构复杂,涉及的专业技术门类很多,所以要求调试与维修人员必须经过专门的技术培训,才能胜任数控机床的安装调试和维修工作。

1.7 数控加工技术的发展趋势

现代数控加工正在向高速化、高精度化、高柔性化、高一体化、网络化和智能化等方向发展。

1. 高速化

高速化是指数控机床实现高速切削。受高生产率的驱使,高速化已是现代机床技术发展的重要方向之一。高速切削可通过高速运算、快速插补运算、超高速通信和高速主轴等技术来实现。机床高速化既表现在主轴转速上,也表现在工作台快速移动、进给速度提高,以及刀具和托盘交换时间的缩短等方面。机床向高速化方向发展,实现高速切削,可减小切削力、减小切削深度,有利于克服机床振动,传入零件中的热量大大减低、排屑加快、热变形减小,不但可以提高零件的表面加工质量和精度,还可以大幅度提高加工效率、降低加工成本。另外,经高速加工的工件一般不需要精加工。因此,高速切削技术对制造业有着极大的吸引力,是其实现高效、优质、低成本生产的重要途径。

20 世纪 90 年代以来,欧美各国及日本争相开发并应用新一代高速数控机床,加快了机床高速化发展的步伐。高速主轴单元(电主轴,转速可达 15 000~100 000 r/min)、高速且高加减速度的进给运动部件(快速移动速度为 60~120 m/min,切削进给速度高达 60 m/min)、高性能数控和伺服系统以及数控工具系统都出现新的突破,达到了新的技术水平。超高速切削机理、超硬耐磨长寿刀具材料和磨料磨具、大功率高速电主轴、高加减速度直线电机驱动进给部件以及高性能控制系统(含监控系统)和防护装置等一系列技术领域中关键技术的解决,为开发应用新一代高速数控机床提供了技术基础。

目前,在超高速加工中,车削和铣削的切削速度已达到 5 000~8 000 m/min;主轴转数在 30 000 r/min(有的高达 100 000 r/min)以上;工作台的移动速度(进给速度)在分辨率为 1 μm 时可达 100 m/min(有的达到 200 m/min)以上,在分辨率为 0.1 μm 时可达 24 m/min 以上;自动换刀速度在 1 s 以内;小线段插补进给速度达到 12 m/min。

2. 高精度化

高精度一直是数控技术发展追求的目标,它包括机床制造的几何精度和机床使用的加工精度控制两方面。

提高机床的加工精度,一般是通过减少数控系统误差、提高数控机床基础大件结构特性和热稳定性、采用补偿技术和辅助措施来达到的。

从精密加工发展到超精密加工,是世界各工业强国致力发展的方向。其精度从微米级到亚微米级,乃至纳米级(<10 nm),应用范围日趋广泛。

目前,在机械加工高精度的要求下,普通级数控机床的加工精度已由 ±10 μm 提高到 ±5 μm;精密级加工中心的加工精度则从 ±3~5 μm,提高到 ±1~1.5 μm,甚至更高;超精密加工精度进入纳米级,主轴回转精度要求达到 0.01~0.05 μm,加工圆度为 0.1 μm,加工表面粗糙度为 0.003 μm 等。这些机床一般都采用矢量控制的变频驱动电主轴(电机与主轴一体化),主轴径向跳动小于 2 μm,轴向窜动小于 1 μm,轴系不平衡度达到 G0.4 级。

高速高精度加工机床的进给驱动,主要有回转伺服电机加精密高速滚珠丝杠和直线电机直接驱动两种类型。此外,新兴的并联机床也易于实现高速进给。

滚珠丝杠由于工艺成熟,应用广泛,不仅精度较高,而且实现高速化的成本也相对较低,所以迄今为止仍被许多高速加工机床所采用。当前使用滚珠丝杠驱动的高速加工机床最大移动速度为 90 m/min,加速度为 1.5g。

丝杠传动属于机械传动,在传动过程中不可避免地存在弹性变形、摩擦和反向间隙,相应地易造成运动滞后和其他非线性误差。为了消除这些误差对加工精度的影响,1993 年开始在机床上应用直线电机直接驱动,由于是没有中间环节的"零传动",不仅运动惯量小、系统刚度大、响应快,可以达到很高的速度和加速度,而且其行程长度在理论上不受限制,定位精度在高精度位置反馈系统的作用下也易达到较高水平,是高速高精度加工机床,特别是

中、大型机床较理想的驱动方式。目前使用直线电机的高速高精度加工机床最大的快速移动速度已达 208 m/min，加速度可达 2g，并且还能进一步提高。

3. 高柔性化

柔性是指机床适应加工对象变化的能力。目前，在进一步提高单机柔性自动化加工的同时，正努力向单元柔性(FMC)和系统柔性化(FMS)发展。

数控系统在 21 世纪将具有最大限度的柔性，实现多种用途。具体是指数控系统具有开放性的体系结构，应用标准组件(标准元器件、PC 卡、标准驱动系统和数据库等)，还应用开放的模块化结构构成系统的软件、硬件、使系统便于组合、扩展和升级。开放式数控系统可以整合用户的技术经验，形成专家系统；可以视需要而重构和编辑数控系统，系统的组成可大可小，功能可专用也可通用，功能价格比可调。

4. 功能高度复合化

数控机床功能的复合化是指通过增加机床的功能，减少加工过程中的装夹、定位、对刀、检测等辅助时间，显著提高加工效率。在零件加工过程中，有大量的无用时间消耗在工件搬运、上下料、安装调整、换刀和主轴的升降速上，为了尽可能减少这些无用时间，人们希望将不同的加工功能整合在同一台机床上，实现机床功能的一体化、复合化。事实证明，加工功能的复合化和一体化除了增加了机床的加工范围和能力外，还大大地提高了机床的加工精度和加工效率，节省了占地面积，特别是还能缩短零件的加工周期，降低整体加工费用和机床维护费用。因此，复合功能的机床已经广泛受到业界的青睐，呈快速发展趋势。

5. 网络化

数控技术的网络化，主要指数控机床通过所配装的数控系统与外部的其他控制系统或上位计算机进行网络连接和网络控制。数控机床应该可以实现多种通信协议，既满足单机需要，又能满足 FMS(柔性制造系统)、CIMS(计算机集成制造系统)对基层设备的要求。配置网络接口，通过 Internet 可实现远程监视加工情况、控制加工进程，还可以进行远程检测和诊断，使维修变得简单。

随着网络技术的成熟和发展，最近业界又提出了数字制造的概念。数字制造又称 e 制造，是机械制造企业现代化的标志之一，也是国际先进机床制造商当今标准配置的供货方式。随着信息化技术的大量使用，越来越多的国内用户在购买进口数控机床时，要求具有远程通信服务等功能。

6. 智能化

智能化是 21 世纪制造技术发展的一个大方向。智能加工是一种基于神经网络控制、模糊控制、数字化网络技术和理论的加工，它是要在加工过程中模拟人类专家的智能活动，以解决加工过程中许多不确定性的、要由人工干预才能解决的问题。

机械制造企业在普遍采用 CAD/CAM 的基础上，越加广泛地使用数控加工设备。数控应用软件日趋丰富和具有"人性化"。虚拟设计、虚拟制造等高端技术也越来越多地为工程技术人员所追求。通过智能软件替代复杂的硬件，正在成为当代机床发展的重要趋势。

21 世纪的 CNC 系统将是一个高度智能化的系统。具体是指 CNC 系统在局部或全部实现加工过程中的自适应、自诊断和自调整；多媒体人机接口使用用户操作简单，智能编程使编程更加直观，且可使用自然语言，加工数据能自动生成；具有智能数据库和智能监控功能；采用专家系统以降低对操作者的要求等。

7. 绿色化

21世纪的金属切削机床必须把环保和节能放在重要位置,即要实现切削加工工艺的绿色化。目前这一绿色加工工艺主要集中表现在不使用切削液上,这主要是因为切削液既污染环境和危害工人健康,又增加了资源和能源的消耗。干切削一般是在大气氛围中进行,但也包括在特殊气体氛围中(氮气中、冷风中或采用干式静电冷却技术)不使用切削液进行的切削。不过,对于某些加工方式和工件组合,完全不使用切削液的干切削目前尚难以实际应用,故又出现了使用极微量润滑的准干切削。目前在欧洲的大批量机械加工中,已有10%～15%的加工使用了干切削或准干切削。对于面向多种加工方法组合的加工中心之类的机床来说,主要是采用准干切削,通常是让极其微量的切削液与压缩空气的混合物经由机床主轴与工具内的中空通道喷向切削区。

 思考与练习

1. 解释概念:数控,数控机床,数控加工工艺,脉冲当量。
2. 数控机床由几部分组成? 各部分的作用是什么?
3. 简述数控机床的工作原理,以及数控加工的流程。
4. 何谓开环、半闭环和闭环控制数控系统? 其优缺点何在? 各自适用于什么场合?
5. 简述数控加工技术的发展方向。

第2章 数控机床编程基础知识

2.1 数控编程的基本概念

数控编程就是根据零件图样要求的图形尺寸和技术要求,把工件的加工顺序、刀具运动的尺寸数据、工艺参数(主运动速度、进给运动速度和切削深度等)以及辅助操作(换刀、主轴正反转、冷却液开关、刀具夹紧、松开等)等内容,按照数控机床的编程格式和能识别的语言代码记录在程序单上的全过程。数控编程有手工编程和自动编程两类。

1. 手工编程

手工编程适用于计算简单、形状不复杂、程序段较短的零件程序;对于复杂零件,手工编程计算烦琐,程序量大,耗时长,效率低,出错率高。

2. 自动编程

自动编程有两种形式:一种是 APT 语言自动编程;另一种是 CAD/CAM 集成自动编程,具有劳动强度低,编程时间短,程序精度高等优点,适用于复杂零件的编程。

2.2 数控编程的步骤

数控编程是指从零件图纸到获得数控加工程序的全部工作过程。编程工作主要内容如图 2-1 所示。

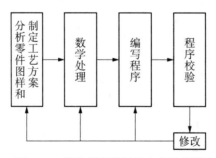

图 2-1 数控程序编制的内容及步骤

1. 分析零件图样和制定工艺方案

这项工作的内容包括:对零件图样进行分析,明确加工的内容和要求;确定加工方案;选择适合的数控机床;选择或设计刀具和夹具;确定合理的走刀路线及选择合理的切削用量等。这一工作要求编程人员能够对零件图样的技术特性、几何形状、尺寸及工艺要求进行分析,并结合数控机床使用的基础知识,如数控机床的规格、性能、数控系统的功能等,确定加工方法和加工路线。

2. 数学处理

在确定了工艺方案后,就需要根据零件的几何尺寸、加工路线等,计算刀具中心运动轨迹,以获得刀位数据。数控系统一般均具有直线插补与圆弧插补功能,对于加工由圆弧和直线组成的较简单的平面零件,只需要计算出零件轮廓上相邻几何元素交点或切点的坐标值,得出各几何元素的起点、终点、圆弧圆心的坐标值等,就能满足编程要求。当零件的几何形状与数控系统的插补功能不一致时,就需要进行较复杂的数值计算,一般需要使用计算机辅助计算,否则难以完成。

3. 编写零件加工程序

在完成上述工艺处理及数值计算工作后,即可编写零件加工程序。程序编制人员使用数控系统的程序指令,按照规定的程序格式,逐段编写加工程序。程序编制人员应对数控机床的功能、程序指令及代码十分熟悉,才能编写出正确的加工程序。

4. 程序检验

将编写好的加工程序输入数控系统,就可以控制数控机床的加工工作。一般在正式加工之前,要对程序进行检验。通常可采用机床空运转的方式,来检查机床动作和运动轨迹的正确性,以检验程序。在具有图形模拟显示功能的数控机床上,可通过显示走刀轨迹或模拟刀具对工件的切削过程,对程序进行检查。对于形状复杂和要求高的零件,也可采用铝件、塑料或石蜡等易切削材料进行试加工来检验程序。通过检查试件,不仅可检查程序是否正确,还可知道加工精度是否符合要求。若能采用与被加工零件材料相同的材料进行试切,则更能反映实际加工效果,当发现加工的零件不符合加工技术要求时,可修改程序或采取尺寸补偿等措施来弥补。

2.3　数控程序的结构

1. 程序段格式

程序段是可作为一个单位来处理的、连续的字组,是数控加工程序中的一条语句。一个数控加工程序是由若干个程序段组成的。

程序段格式是指程序段中的字、字符和数据的安排形式。现在一般使用字地址可变程序段格式,每个字长不固定,各个程序段中的长度和功能字的个数都是可变的。地址可变程序段格式中,在上一程序段中写明的、本程序段里又不变化的那些字仍然有效,可以不再重写。这种功能字称之为续效字。

程序段格式举例:

N30　G01　X88.1　Y30.2　F500　S3000　T02　M08;

N40　X90;

"N40　X90"程序段省略了续效字"G01,Y30.2,F500,S3000,T02,M08",但它们的功能仍然有效。

在程序段中,必须明确组成程序段的各要素:

(1) 移动目标:终点坐标值 X、Y、Z;

(2) 沿怎样的轨迹移动:准备功能字 G;

(3) 进给速度:进给功能字 F;

(4) 切削速度:主轴转速功能字 S;

(5) 使用刀具:刀具功能字 T;

(6) 机床辅助动作:辅助功能字 M。

2. 加工程序的一般格式

1) 程序开始符、结束符

程序开始符、结束符是同一个字符,ISO 代码中是％,EIA 代码中是 EP,书写时要单列一段。

2) 程序名

程序名有两种形式:一种是英文字母 O 和 1～4 位正整数组成;另一种是由英文字母开头,字母数字混合组成的。程序名一般要求单列一段。

3) 程序主体

程序主体是由若干个程序段组成的,每个程序段一般占一行。

4) 程序结束指令

程序结束指令可以用 M02 或 M30,一般要求单列一段。

加工程序的一般格式举例:

```
%                          // 开始符
O1000                      // 程序名
N10  G00  G54  X50  Y30  M03  S3000;
N20  G01  X88.1  Y30.2  F500  T02  M08;
N30  X90;                  // 程序主体
……
N300  M30;
%                          // 结束符
```

2.4　数控机床坐标系

在数控编程和数控加工时,不同类型的数控机床运动形式各不相同。有的是刀具运动、工件静止,有的是刀具静止、工件运动。为了方便编程人员按照零件图编程,并保证所编制的程序在同类数控机床中具有互换性,国际标准化组织和一些数控技术发达国家先后制定了数控机床坐标和运动命名标准,统一规定数控机床坐标轴名称及其运动的正方向和负方向,我国机械工业部也根据 ISO 标准制定了行业标准:JB/T3051－1999《数控机床坐标和运动方向的命名》。

2.4.1　机床坐标系

1. 刀具相对于静止工件运动原则

机床的具体结构无论是工件静止、刀具运动还是刀具静止、工件运动,坐标轴的方向一律看作工件相对静止,刀具产生运动的方向。

2. 机床坐标系的规定

为简化编程和保证程序的通用性,对数控机床的坐标轴和方向命名制订了统一的标准。机床坐标系是一个右手笛卡尔坐标系,图 2-2 中大拇指的指向为 X 轴的正方向,食指指向为 Y 轴的正方向,中指指向为 Z 轴的正方向。

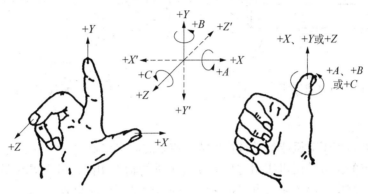

图 2-2　右手笛卡尔坐标系

围绕 X、Y、Z 轴旋转的圆周进给坐标轴分别用 A、B、C 表示,根据右手螺旋定则,如图 2-2 所示,以大拇指指向 $+X$、$+Y$、$+Z$ 方向,则食指、中指等的指向是圆周进给运动的 $+A$、$+B$、$+C$ 方向。

3. 坐标轴确定方法及步骤

确定机床坐标轴时,一般先确定 Z 轴,然后确定 X 轴,最后确定 Y 轴。

1）Z 轴的确定

Z 轴为机床主轴的坐标轴,无主轴则垂直于工件装夹面。Z 坐标的正方向是增加刀具与工件之间距离的方向。对于钻、镗加工,钻入或镗入工件的方向为 Z 轴的负方向。

2）X 轴的确定

X 轴为水平方向的坐标轴。

（1）在没有回转刀具或回转工件机床上,X 轴平行于主切削方向。

（2）在有回转工件的机床,X 轴为径向,正方向为远离工件方向。

（3）在有回转刀具机床上:主轴立式机床,主轴向立柱看,正方向为向右;主轴卧式机床,主轴(末端)向工件看,正方向为向右。

3）Y 轴的确定

最后由右手法则确定 Y 轴。

4）旋转坐标轴的确定

A、B、C 相应表示其轴线平行于 X、Y、Z 的旋转运动,按右手螺旋法则取右旋螺旋前进的方向。

4. 机床原点与机床参考点

1）机床原点

机床原点是机床制造商设置在机床上的一个物理位置,作用是使机床与控制系统同步,

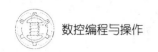

建立测量机床运动做的起始点,如图 2-3 所示。

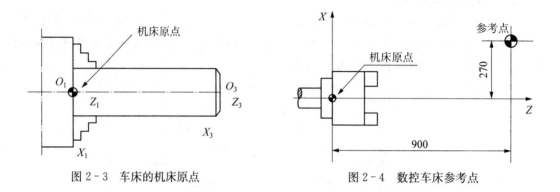

图 2-3　车床的机床原点　　　　　　图 2-4　数控车床参考点

2) 机床参考点

机床参考点是用于对机床运动进行检测和控制的固定位置点。

机床参考点的位置是由机床制造厂家在每个进给轴上用限位开关精确调整好的,坐标值已输入数控系统中。因此参考点对机床原点的坐标是一个已知数。

通常在数控铣床上机床原点和机床参考点是重合的;而在数控车床上机床参考点是离机床原点最远的极限点。图 2-4 为数控车床的参考点与机床原点。

数控机床开机时,必须先确定机床原点,即刀架返回参考点的操作。只有机床参考点被确认后,刀具或工作台的移动才有基准。

数控车床的机床坐标系:有的以车床主轴为 Z 轴,以卡盘前端面或后端面与主轴的交点为原点;有的平行于主轴,在车床一侧建立机床原点。

2.4.2　工件坐标系与工件原点

1. 工件坐标系

为了编程方便,我们建立一个独立的相对于工件的坐标系,在这个坐标系中,我们去描述刀具相对于工件的运动轨迹,这就是工件坐标系,有时又为编程坐标系。编程坐标系是编程人员根据零件图样及加工工艺等建立的坐标系,编程坐标系一般供编程使用,确定编程坐标系时不必考虑毛坯在机床上的实际装夹位置。如图 2-5 所示,其中 O_2 为编程坐标系原点。

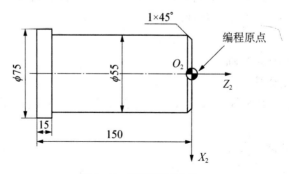

图 2-5　车床编程原点

2. 工件原点

工件原点即件坐标系的原点,是编程员在数控编程过程中定义在工件上的几何基准点,又称为编程原点。

数控车床的工件坐标系:一般原点定义在工件右端面与工件回转轴线的交点处,如图2-5 所示,Z、X 轴按 ISO 定义。

 思考与练习

1. 什么是数控编程? 简述数控编程的主要步骤。

2. 简述编程坐标系的确定原则。

3. 简述机床坐标系、编程坐标系的异同点。

第3章 数控车床编程与操作

3.1 项目一 数控车床系统的控制面板与基本操作

3.1.1 项目导入

通过本项目的学习,熟悉数控车床系统的控制面板和操作面板,能熟练进行程序的输入、编辑和修改,能进行数控车床的对刀。

3.1.2 项目目标

1. 知识目标

(1)掌握数控车床系统控制面板和操作面板。

(2)掌握程序输入、编辑和修改。

(3)掌握自动加工的方法。

2. 技能目标

(1)熟练掌握操作面板上各按钮、旋钮的作用和使用。

(2)熟悉程序的手工输入与编辑。

(3)熟悉程序的校验与运行,并能熟练对刀。

3.1.3 项目分析

1. 数控车床操作面板

不同制造厂家生产的数控机床,即使数控系统相同,操作面板也可能不一样。本任务中以 FANUC Serise 0i Mate-TB 数控系统为例,介绍数控系统控制面板、机床操作面板及其功能。

FANUC Serise 0i Mate-TB 数控系统控制面板如图 3-1-1 所示,面板上的按键含义如表 3-1-1 所示。

FANUC Serise 0i Mate-TB 数控机床操作面板如图 3-1-2 所示,面板上的按键含义如表 3-1-2 所示。

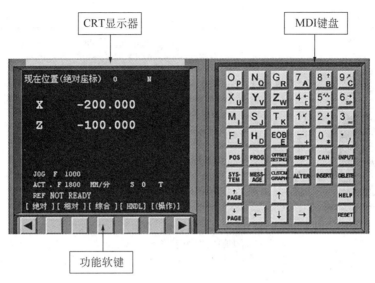

图 3-1-1　FANUC 0i 数控系统控制面板

表 3-1-1　数控系统控制面板按键说明

序号	名　称	功　能　说　明
1	复位键	按下这个键可以使 CNC 复位或者取消报警等。
2	帮助键	当对 MDI 键的操作不明白时,按下这个键可以获得帮助。
3	软键	根据不同的画面,软键有不同的功能。软键功能显示在屏幕的底端。
4	地址和数字键	按下这个键可以输入字母,数字或者其他字符。
5	切换键	键盘上的某些键,如地址和数字键,具有两个功能。按下"SHIFT"键可以在这两个功能之间进行切换。
6	输入键	当按下一个字母键或者数字键时,再按该键数据被输入到缓冲区,并且显示在屏幕上。要将输入缓冲区的数据拷贝到偏置寄存器中等,请按下该键。这个键与软键中的"INPUT"键是等效的。
7	取消键	用于删除最后一个进入输入缓存区的字符或符号。

序号	名 称	功 能 说 明
8	ALTER INSERT DELETE	"ALTER"为替换键，"INSERT"为插入键，"DELETE"为删除键。
9	POS PROG OFFSET SETTING SYSTEM MESSAGE CUSTOM GRAPH	按下这些键，切换不同功能的显示屏幕。
10	光标移动键	有四种不同的光标移动键。向右箭头的按键用于将光标向右或者向前移动，向左箭头的按键用于将光标向左或者往回移动，向下箭头的按键用于将光标向下或者向前移动，向上箭头的按键用于将光标向上或者往回移动。
11	翻页键 PAGE↑ PAGE↓	向上箭头的按键用于将屏幕显示的页面往前翻页，向下箭头的按键用于将屏幕显示的页面往后翻页。

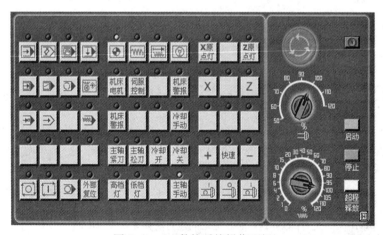

图 3-1-2　数控系统操作面板

表 3-1-2　数控系统操作面板按键说明

名 称	功 能 说 明
方式选择键	用来选择系统的运行方式。
	按下该键，进入编辑运行方式。

（续表）

名　称	功　能　说　明
方式选择键	按下该键，进入自动运行方式。
	按下该键，进入 MDI 运行方式。
	按下该键，进入手动运行方式。
	按下该键，进入手轮运行方式。
操作选择键	用来开启单段、回原点操作。
	按下该键，进入单段运行方式。
	按下该键，可以进行返回机床参考点操作，即机床回原点。
主轴旋转键	用来开启和关闭主轴。
	按下该键，主轴正转。
	按下该键，主轴停转。
	按下该键，主轴反转。
循环启动/停止键	用来开启和关闭，在自动加工运行和 MDI 运行时都会用到它们。
主轴倍率键	在自动或 MDI 方式下，当 S 代码的主轴速度偏高或偏低时，可用来修调程序中编制的主轴速度。
超程解除	用来解除超程警报。

（续表）

名　称	功　能　说　明
进给轴和方向选择开关	用来选择机床欲移动的轴和方向。 其中"快速"按键为快进开关。当按下该键后，该键指示灯亮，表明快进功能开启，再按一下该键，该键的指示灯熄灭，表明快进功能关闭。
进给倍率刻度盘	用来调节 JOG 进给的倍率，倍率值从 0～120％。 左键点击旋钮，旋钮逆时针旋转一格；右键点击旋钮，旋钮顺时针旋转一格。
系统启动/停止	用来开启和关闭数控系统。在通电开机和关机的时候用。
回原点指示灯	用来表明系统是否回原点的情况。当进行机床回原点操作时，某轴返回原点后，该轴的指示灯亮。
急停键	用于锁住机床。按下急停键时，机床立即停止运动。 急停键抬起后，该键下方有阴影；急停键按下时，该键下方没有阴影。
手轮进给倍率键	用于选择手轮移动倍率。 X1 为 0.001、X10 为 0.010、X100 为 0.100。
手轮	手轮模式下用来使机床移动。 左键点击手轮旋钮，手轮逆时针旋转，机床向负方向移动；右键点击手轮旋钮，手轮顺时针旋转，机床向正方向移动。 鼠标点击一下手轮旋钮即松手，则手轮旋转刻度盘上的一格，机床根据所选的移动倍率移动一个档位。如果鼠标按下后不松开，则 3 秒钟后手轮开始连续旋转，同时机床根据所选择的移动倍率进行连续移动，松开鼠标后，机床停止移动。
手轮进给轴选择开关	手轮模式下用来选择机床要移动的轴。 点击开关，开关扳向 X，表明选择的是 X 轴；开关扳向 Z，表明选择的是 Z 轴。

2. 数控机床操作

1）进入系统

打开"开始"菜单。在"程序/数控加工仿真系统/"中选择"数控加工仿真系统"点击进入。

2）选择机床

如图 3-1-3 所示，点击菜单"机床/选择机床…"，在选择机床对话框中控制系统选择 FANUC，机床类型选择车床并按确定按钮，此时界面如图 3-1-4 所示。

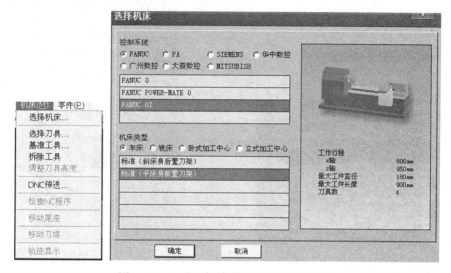

图 3-1-3　"机床"菜单及选择机床对话框

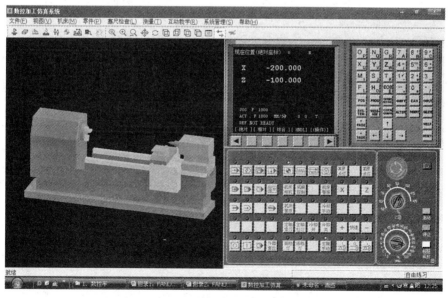

图 3-1-4　"数控加工仿真系统"软件界面

3）机床回零

检查操作面板上的操作选择键的回原点指示灯是否亮，若指示灯亮，则已进入回参考点模式;若指示灯不亮,则点击该按键,转入回参考点模式。在回参考点模式下,先将 X 轴回参考点,点击操作面板上的"X"按键,使 X 轴方向移动指示灯变亮,点击"+"按键,此时 X 轴将回参考点,X 轴回参考点灯"X 原点灯"变亮,CRT 上的 X 坐标变为"600.000",再点击 Z 轴方向移动按键"Z",使指示灯变亮,点击"+"按键,此时 Z 轴将回参考点,CRT 上的 Z 坐标变为"1010.000"。Z 轴回参考点灯"Z 原点灯"变亮。此时 CRT 界面如图 3-1-5 所示。

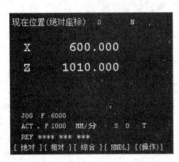

图 3-1-5　CRT 界面

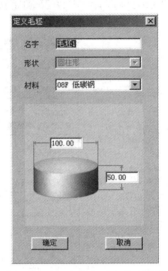

图 3-1-6　"定义毛坯"对话框

4) 安装零件

点击菜单"零件/定义毛坯…",出现如图 3-1-6 所示对话框,在定义毛坯对话框中可改写零件尺寸高和直径,零件尺寸设置完成后,按"确定"按键。

点击菜单"零件/放置零件…",出现如图 3-1-7 所示对话框,在选择零件对话框中,选取名称为"毛坯 1"的零件,并按确定按键。界面上出现控制零件移动的面板,如图 3-1-8 (a)所示,在此面板上操作"+""-"键可以移动零件,零件放置合适后点击面板上的"退出"按键,关闭该面板,此时如图 3-1-8(b)所示,零件已放置在机床工作台面上。

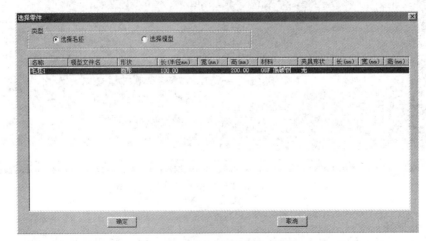

图 3-1-7　"选择零件"对话框

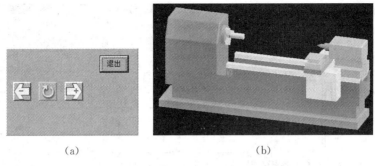

（a）　　　　　　　　　　（b）

图 3-1-8　移动零件面板及机床上的零件

（a）移动零件面板　（b）机床上的零件

5）导入 NC 程序

数控程序可以通过记事本或写字板等编辑软件输入并保存为文本格式文件，也可以直接用 FANUC 0i 系统的 MDI 键盘输入。

点击操作面板上的编辑按键，编辑状态指示灯变亮，进入编辑状态。点击 MDI 键盘上的"PROG"按键，CRT 界面转入编辑页面。再按"操作"键，在出现的下级子菜单中按向右键，按键"READ"，转入如图 3-1-9（a）所示界面，点击 MDI 键盘上的数字/字母键，输入"Ox"（x 为任意不超过四位的数字），按键"EXEC"；点击菜单"机床/DNC 传送"，在弹出的对话框中，如图 3-1-9（b）所示，选择所需的 NC 程序，按"打开"确认，则数控程序被导入并显示在 CRT 界面上。

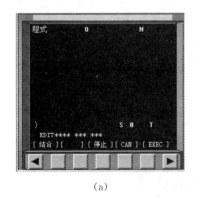
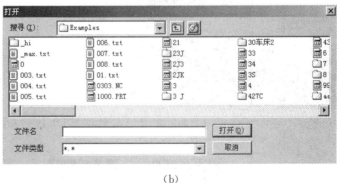

（a）　　　　　　　　　　（b）

图 3-1-9　导入程序

6）装刀具和对刀

（1）装刀具。点击菜单"机床/选择刀具"在"车刀选择"对话框，根据加工方式选择所需的刀片和刀柄，确定后退出，如图 3-1-10 所示。

（2）对刀。通过试切法对刀来建立工件坐标系与机床坐标系的关系。试切法对刀是用所选的刀具试切零件的外圆和端面，经过测量和计算得到零件端面中心点的坐标值，以卡盘底面中心为机床坐标系原点。刀具参考点在 X 轴方向的距离为 X_T，在 Z 轴方向的距离为 Z_T。

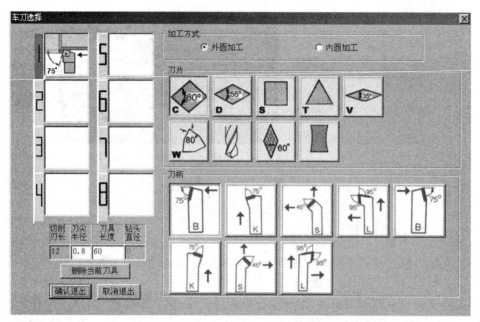

图 3-1-10 "车刀选择"对话框

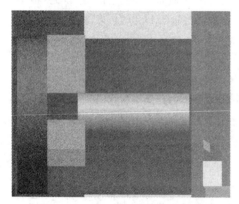

图 3-1-11 机床移动到的位置

点击手动运行按键,利用操作面板上的"X"、"Z"、"+"、"快速"和"-"按键,将机床移动到如图 3-1-11 所示的大致位置。

点击主轴旋转按键,使主轴转动,用所选刀具试切工件外圆,如图 3-1-12(a)所示。点击 MDI 键盘上的按键"POS",使 CRT 界面显示坐标值,如图 3-1-12(b)所示。读出 CRT 界面上显示的 MACHINE 的 X 的坐标,记为 X_1。

沿 Z 轴正向移动按钮,将刀具退至如图 3-1-12(c)所示位置,试切工件端面,如图 3-1-13 所

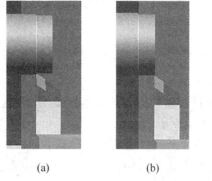

(a)   (b)   (c)

图 3-1-12 对刀

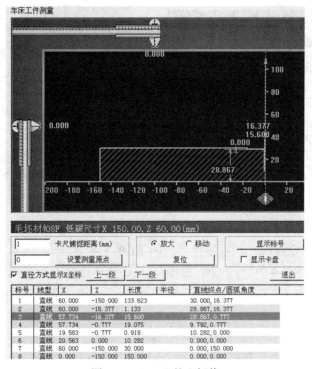

图 3 - 1 - 13　Z 的坐标值

示。记下 CRT 界面上显示的 MACHINE 的 Z 的坐标（MACHINE 中显示的是相对于刀具参考点的坐标），记为 Z_1。

　　点击主轴停转按键，使主轴停止转动，点击菜单"测量/剖面图测量"，出现了如图 3 - 1 - 14 所示对话框，在对话框中选择"否"，点击试切外圆时所切线段，选中的线段变为黄色。记下右面对话框中对应的 X 的值。X 的坐标值减去"测量"中读出的 X 的值，记为 X_2。

图 3 - 1 - 14　"测量/剖面图测量"对话框

　　X 的坐标值减去"测量"中读取的 X 的值，再加上机床坐标系原点到刀具参考点在 X 方向的距离，即 $X_1 + X_2 + X_T$，记为 X；Z_1 加上机床坐标系原点到刀具参考点在 Z 方向的距离，即 $Z_1 + Z_T$，记为 Z。(X, Z) 即为工件坐标系原点在机床坐标系中的坐标值。

　　7）设置参数

　　确定工件与机床坐标系的关系有两种方法，一种是通过 G54～G59 设定，另一种是通过 G92 设定。本书采用的是 G54 方法：将对基准得到的工件在机床上的坐标数据，结合工件本身的尺寸算出工件原点在机床中的位置，确定机床开始自动加工时的位置。刀具补偿参数默认为 0。

　　连续点击"OFFSET SETTING"按键四次，找到如图 3 - 1 - 15 所示的面板，输入 G54 的值，即工件中心坐标，便完成了数据输入。

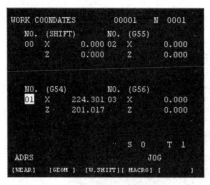

图 3-1-15 输入坐标值

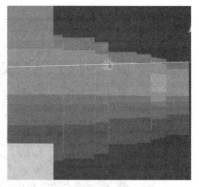

图 3-1-16 加工结果

8）自动加工

检查机床是否回零，若未回零，先将机床回零（参见本节"机床回零"）；导入数控程序或自行编写一段程序（参见本节"导入 NC 程序"）；点击操作面板上的自动运行按键，使其指示灯变亮；点击操作面板上的循环启动按键，程序开始执行，执行结果如图 3-1-16 所示。

3.1.4 项目实施

1. 进行数控车床程序的编辑、修改、输入、输出的练习。
2. 在数控仿真软件上练习对刀。

3.2 项目二 简单轴类零件车削

3.2.1 项目导入

加工如图 3-2-1 所示的工件，毛坯尺寸 $\phi20 \times 50$ mm，材料为 45♯钢，编程原点建在工件右端面中心。

3.2.2 项目目标

1. 知识目标

（1）掌握 N、F、M、G 等功能指令。

（2）掌握 G00、G01 指令及其应用。

（3）会编写简单数控加工程序。

（4）掌握阶梯轴加工工艺制定方法。

2. 技能目标

（1）熟练掌握工件、刀具的装夹。

（2）熟练机床基本操作。

（3）掌握零件的单段加工方法。

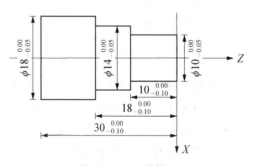

图 3-2-1 零件图

3.2.3 项目分析

选择 FANUC 0i Mate TB 系统，在本任务中，我们要掌握基本准备功能 G00、G01、辅助功能代码以及一些其他的代码。

1. 数控车床坐标系

1）机床坐标系

数控车床的坐标系如图3-2-2所示，是数控机床安装调试时便设定好的一个固定的坐标系统。与车床主轴平行的方向（卡盘中心到尾座顶尖的方向）为 Z 轴，与车床导轨垂直的方向为 X 轴，坐标原点位于卡盘后端面与中心轴线的交点 O 处。

数控车床通常只有 X、Z 坐标轴，高性能数控机床配有 C 轴，C 轴（主轴）的正向的判断方法为：从机床尾架向主轴看，逆时针为"$+C$"向，顺时针为"$-C$"向。机床厂家在坐标轴的正极限位

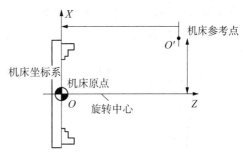

图 3-2-2 数控车床的坐标系

置通过软件、硬件设定一个参考点，参考点与机床原点之间的距离经过精确测定后设置在数控系统中。机床每次通电后，首先要让刀架返回参考点，CNC 可以根据参考点预置数据通过"反推"确定机床原点的精确位置，从而建立机床坐标系。

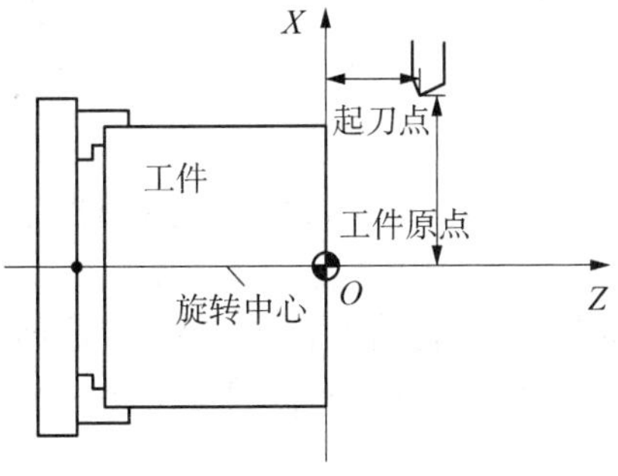

2）工件坐标系

工件坐标系也称为编程坐标系、加工坐标系。针对零件图样进行手工编程前，为了简化编程和便于对刀，编程人员在图样上通常选择零件的右端面与轴线的交点作为编程原点，建立编程坐标系继而编写程序单，如图3-2-3所示。编程坐标系与数控车床坐标系的坐标方向一致，即纵向为 Z 轴，其正方向是远离卡盘上的工件指向尾座的方向；径向为 X 轴，与 Z 轴相垂直，其正方向也是刀架远离工件的方向；当毛坯在数控车床上装夹完毕后，该工件进入加工状态，工件上编

图 3-2-3 工件坐标系

程原点的位置也唯一确定下来，此时的编程坐标系也改成加工坐标系。

注意：在车削加工的数控程序中，采用直径编程方式，即 X 轴的坐标值取零件图样上的直径值，与设计、标注一致，尽量减少换算。

3）工件坐标系的设定

当工件在数控车床上装夹完毕后，刀具必须正确识别工件坐标系的原点位置，才能按照程序指定的轨迹进行正确的加工，所以必须先进行工件坐标系的设定。

设定工件坐标系的方法通常有两种，一种是在程序中以 G50 或 G92 指令设定，一种是在 G54～G59 或刀具地址中设置工件原点偏置量。

（1）在程序中以 G50 或 G92 指令设定工件坐标系。

指令格式： G50 X____α____ Z____β____；

或 G92 X____α____ Z____β____；

虽然 G50、G92 指令因系统不同而异，但是两个指令设定的原理是相同的。以 G50 为例，G50 指令中 α、β 参数的数值，是指当前刀具起刀点在工件坐标系中的坐标值，如图 3-2-4 所示，当运行写在车削程序首行的 G50 程序段时，CNC 系统会通过"倒推"原理，根据 α、β 的数值确定工件坐标系原点的位置，从而建立工件坐标系。显然，如果刀具和工件发生相对位置变化，但 G50 程序段中 α、β 的数值没有及时刷新时，就会因工件原点漂移导致错误加工甚至撞刀等事故。因此，一旦程序中设定好 α、β 参数，刀具和工件在加工前就不能再发生相对位移。G50 指令必须单独占一行写在程序头，它并不能产生运动，它是模态指令，一经指定持续有效。

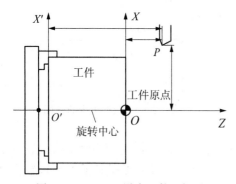

图 3-2-4 G50 设定工件坐标系

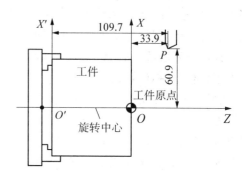

图 3-2-5 G50 指令设定坐标系的 Z 坐标零点

通常把工件坐标系 X 向的原点选在工件的回转中心上，Z 向的位置可以选在工件的左端面、卡盘端面或者右端面，如图 3-2-5 所示。一般而言，编程原点尽量与设计基准、安装基准重合，以便于编程和对刀。

若设定工件原点 O，则程序段为："G50 X121.8 Z33.9;"，若设定工件原点 O'，则程序段为："G50 X121.8 Z109.7;"。

注意：G50 设置的工件原点是随刀具当前位置（起始位置）的变化而变化的。X、Z 取值时要方便数学计算和简化编程，容易找正对刀，不要与机床、工件发生碰撞，同时要方便拆卸工件，空行程不要太长。

（2）在 G54～G59 或刀具地址中设置工件原点的偏置量。

该方法的原理是把工件坐标系原点在机床坐标系的绝对坐标值，直接通过 MDI 方式在操作面板上的 G54～G59 中进行设置。这种方式下，机床必须首先执行返回参考点，从而建立机床坐标系；接下来要通过刀具与工件之间的试切等方法的对刀操作，以获取工件坐标系原点在机床坐标系下的绝对坐标值，并在面板上设定。该方式设定好工件坐标系后，在加工前，刀具的位移不受限制。

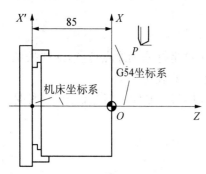

图 3-2-6 G54 设定坐标系

G54 在程序中写在运动指令之前，通常 G54 位于程序头。G54 本身并不让刀具产生运动，但可以与运动指令等其他指令写在同一程序段。

例如，用 G54 指令设定如图 3-2-6 所示的工件坐标系。首先设置 G54 原点偏置寄存器："G54 X0 Z85.0;"，然后再在程序中调用:"N010　G54;"。

此外,也可以通过 MDI 方式将对刀数据预存在所对应的刀具地址中,在程序头直接调用该刀具的同时也调用对刀数据,所起到的作用和预存在 G54 中是完全一样的。数控车削过程中,利用刀具地址设定工件坐标原点偏置更加直观、易懂、易操作,因此刀具地址中设定工件坐标系的方法得到广泛应用。本教材后续部分基本都是采用 T×××× 刀具地址形式来设定、调用工件坐标系。

2. 坐标值编程方式

(1)绝对坐标编程:G90 指定尺寸值为绝对尺寸,是指令轮廓终点相对于工件原点绝对坐标值的编程方式。

(2)相对坐标编程:G91 指定尺寸值为增量尺寸,是指令轮廓终点相对于轮廓起点坐标增量的编程方式。

(3)混合编程:绝对尺寸的尺寸字的地址符用 X、Y、Z;增量尺寸的尺寸字的地址符用 U、V、W。这种表达方式的特点是同一程序段中绝对尺寸和增量尺寸可以混用,这给编程带来很大方便。

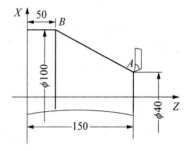

图 3-2-7　坐标编程方式

如图 3-2-7 所示的零件中,采用绝对编程的程序为:"G90　G01　X100.0　Z50.0;",采用增量编程的程序为:"G91　G01　X60.0　Z-100.0;",采用混合方式编程程序为:"G01　X100.0　W-100.0;"或"G01　U60.0　Z50.0;"。

3. 主轴功能 S、进给功能 F、刀具功能 T

1)主轴功能 S

主轴转速功能字的地址符是 S,又称为 S 功能或 S 指令,用于指定主轴转速,单位为 r/min。

编程格式:S_____;

对于具有恒线速度功能的数控车床,程序中的 S 指令用来指定车削加工的线速度数。

(1)恒线速控制指令 G96。

编程格式:G96　S_____;

G96 实现恒线速控制,可以使数控装置依刀架在 X 轴的位置计算出主轴的转速,自动而连续的控制主轴转速,使之始终达到由 S 功能所指定的切削速度。

S 后面的数字表示的是恒定的线速度,单位 m/min。例如,"G96　S100;"表示切削点线速度控制在 100 m/min。

G96 指令用于车削端面或工件直径变化较大的场合,采用此功能,可保证当工件直径变化时,主轴的线速度不变,保证切削速度不变,提高了加工质量。

(2)取消恒线速控制指令 G97。

编程格式:G96　S_____;

G97 是取消恒线速控制指令,S 后面的数字表示的是恒线速取消后的主轴转速,单位为 r/min,如果 S 未指定,将保留 G96 的最终值,例如,"G97　S500;"表示恒线速控制取消后主轴转速为 500 r/min。

G97 指令用于车削螺纹或工件直径变化比较小的场合,采用此功能,可设定主轴转速并取消恒线速功能。

2) 进给功能 F

进给功能字的地址符是 F,又称为 F 功能或 F 指令,用于指定切削的进给速度。

(1) 每转进给量指令 G99。

编程格式:G99　F_____;

F 后面的数字表示的是主轴每转进给量,单位为 mm/r。例如,"G99　F0.2;"表示进给量为 0.2 mm/r。

(2) 每分钟进给量指令 G98。

编程格式:G98　F_____;

F 后面的数字表示的是主轴每分钟进给量,单位为 mm/min。例如,"G98　F100;"表示进给量为 100 mm/min。

对于车床,F 可分为每分钟进给(mm/min)和主轴每转进给(mm/r)两种,对于其他数控机床,一般只用每分钟进给。

F 指令在螺纹切削程序段中常用来指令螺纹的导程。

3) 刀具功能 T

刀具功能字的地址符是 T,又称为 T 功能或 T 指令,用于指定加工时所用刀具的编号。对于数控车床,其后的数字还兼作指定刀具长度补偿和刀尖半径补偿用。例如,T0101,前面的 01 表示一号刀具,后面的 01 表示一号偏置量。

4. 模态指令与非模态指令

G 代码按照功能的差异分为模态代码和非模态代码两大类。模态代码是指一旦被指定,其功能一直持续有效,直至被特定的 G 代码取消或被同组的 G 代码所代替,例如 G01、G54、G41 等;非模态代码是指其功能仅在所出现的程序段内起作用,例如 G04。不同组的 G 指令,在同一程序段中可以放置多个;在同一程序段中有多个同组的指令时,以最后一个出现的为有效。

5. 快速点定位指令 G00

1) 编程格式

G00　X(U)____　Z(W)____;

其中:X、Z 的值是终点的坐标;

　U、W 为增量编程;

　X(U)坐标按直径值输入。

2) 编程举例

如图 3-2-8 所示,刀尖从 A 点快进到 B 点,分别采用绝对坐标和增量坐标方式编程。

绝对坐标编程:G00　X40　Z2;

增量坐标编程:G00　U-60　W-50;

3) 编程说明

(1) 符号"⊕"代表编程原点。

(2) 在某一轴上相对位置不变时,可以省略该轴的移动指令。

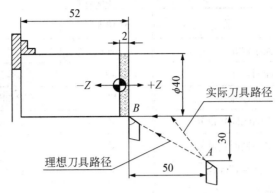

图 3-2-8　快速定位举例

（3）在同一程序段中绝对坐标指令和增量坐标指令可以混用。

（4）从图中可见，实际刀具移动路径与理想刀具移动路径可能会不一致，因此，要注意刀具是否与工件和夹具发生干涉，对不确定是否会干涉的场合，可以考虑每轴单动。

（5）刀具快速移动速度由机床生产厂家设定。

6. 直线插补指令 G01

1）编程格式

G01　X(U)____　Z(W)____　F____；

其中：X、Z 的值是终点的坐标；

　　U、W 表示增量编程；

　　F 是合成进给速度，单位是 mm/r。

2）编程举例

如图 3-2-9 所示，刀尖从始点加工至终点，分别采用绝对坐标和增量坐标方式编程。

　　绝对坐标编程：G01　X40　Z-30　F0.4；

　　增量坐标编程：G01　U20　W-30　F0.4；

　　或采用混合坐标系编程：G01　X40　W-30　F0.4；

3）编程说明

（1）G01 指令刀具以联动的方式，按 F 规定的合成进给速度，从当前位置按线性路线（联动直线轴的合成轨迹为直线）移动到程序段指令的终点。

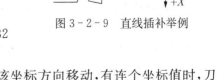

图 3-2-9　直线插补举例

（2）G01 是模态代码，可由 G00、G02、G03 或 G32 功能注销。

（3）程序中只有一个坐标值 X 或 Z 时，刀具将沿该坐标方向移动，有连个坐标值时，刀具将按所给的终点直线插补。

7. 辅助功能指令

辅助功能又称为 M 功能，由字母 M 及其后两位数字组成，主要控制机床各种辅助功能的开关动作，比如主轴的旋转、启动、停止、程序暂停和程序结束等，如表 3-2-1 所示。

表 3 - 2 - 1　常用辅助功能

M 功能字	含义	M 功能字	含义
M00	程序停止	M07	2 号冷却液开
M01	计划停止	M08	1 号冷却液开
M02	程序停止	M09	冷却液关
M03	主轴顺时针旋转	M30	程序停止并返回开始处
M04	主轴逆时针旋转	M98	调用子程序
M05	主轴旋转停止	M99	返回子程序
M06	换刀		

1）程序停止指令 M00

编程格式：M00；

编程说明：执行 M00 指令，在执行该程序段的其他指令后，使机床所有动作均被切断，包括主轴停止、冷却液关闭、进给停止等，进入程序暂停状态，以便执行某种手动操作，例如加工过程中的停机检查、测量工件尺寸、手动换刀等。如要继续执行后面的程序段，则必须再次按"循环启动键"。

2）选择停止指令 M01

编程格式：M01；

编程说明：执行过程与 M00 相似，不同之处在于，只有在按下机床控制面板上的"计划停止"开关时，该指令才有效，否则机床并不理会 M01 指令，将会继续执行后续的程序段。该指令常用于工件的关键尺寸的停机抽样检查等，完成要做的操作后，按程序启动按钮，继续执行后续程序段。

3）程序结束指令 M02、M30

编程格式：M02；或 M30；

编程说明：M02、M30 均编写在数控程序的最后一个程序段，均能结束程序的运行，停止机床所有动作，使机床复位。不同之处在于，M02 指令在程序结束后光标仍然停在程序尾，如果重新运行程序加工，则必须让光标返回程序头才能开始正常加工；而 M30 在程序结束后光标自动返回程序头，为再一次启动加工下一个工件做好准备。目前的数控系统普遍使用 M30 结束程序运行。

4）主轴动作指令 M03、M04、M05

编程格式：M03；或 M04；或 M05；

编程说明：执行 M03、M04 或 M05 指令后，分别使主轴顺时针方向转动、逆时针方向转动或停止。M03 和 M04 与同程序段其他指令同时执行，M05 在同程序段其他指令执行完成时执行。一般执行 M05 后，冷却液也关闭。

5）换刀指令 M06

编程格式：M06　T_____；

编程说明：该指令分手动或自动换刀两种，不包括刀具选择，刀具选择用 T 指令。手动换刀的机床，执行 M06 只显示待换刀具号，提示操作者换刀，并不能真正完成换刀动作；必须在程序中安排程序停止指令 M00,并在程序中指定换刀点,才能由操作者完成手动换刀。有自动换刀功能的机床,执行 M06 指令后,机床交换主轴上和 T 指令指定的刀库中预换的刀具。

6) 切削液控制指令 M07、M08、M09

编程格式:M07;或 M08;或 M09;

编程说明:执行 M07 指令是指 2 号切削液(雾状)打开;执行 M08 指令是指 1 号切削液(液态)打开;执行 M09 指令,切削液关闭(切削液泵停止工作)。

7) 子程序调用指令 M98

编程格式 1:M98 P_____ L_____;

其中:地址字 P 后接 4 位数字,指定调用的子程序号;地址字 L 后接若干位整数,表示调用次数,仅调用一次时可省略不写。

编程格式 2:M98 P_____;

其中:地址 P 后接 4~7 位数,最后 4 位数指定调用的子程序号,其余指定该子程序的调用次数。P 后接仅有 4 位数时,4 位数仅代表子程序号,默认调用次数为一次。

8) 子程序返回指令 M99

编程格式:M99;

返回主程序指令写在子程序的最后一个程序段,表示子程序运行结束,返回主程序。

数控机床的指令在国际上有很多标准,并不完全一致。而随着数控加工技术的发展、不断改进和创新,其系统功能更加强大,在使用上会更加方便。在不同数控系统之间,功能指令字也会更加丰富,程序格式上也会存在一定程度上的差异。在实际工作使用中,应以机床附带的编程说明书为准编制程序。

3.2.4 项目实施

1. 工艺分析

(1) 加工如图 3-2-1 所示零件,毛坯为 φ20×50 的钢料,因材料的长度足够,所以我们在加工时选择夹住零件左端,在零件右端加工。

(2) 加工精度较低,不分粗、精加工;加工余量较大,需分层切削加工出零件

(3) 加工路线:本项目共分三层切削,进刀点分别为 A、B、C 点,如图 3-2-10 所示。

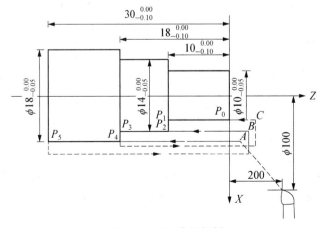

图 3-2-10 分层切削

参考路线如下:刀具从起点快速移动至进刀点 A→直线加工至 P_5 点→沿$+X$方向退出至 D 点→刀具沿$+Z$方向退回→沿$-X$方向进刀至 B 点→直线加工至 P_3 点→刀具沿$+X$方向退出至 E 点→刀具沿$+Z$方向退回→沿$-X$方向进刀至 C 点→直线加工至 P_1 点→刀具沿$+X$方向退出至 F 点→刀具退回至起点→程序结束。

（4）工艺点如 A、B、C 等进刀点及外圆加工后沿 X 轴方向退刀点（D、E、F），进刀点（A、B、C 点）X 坐标与各外圆 X 坐标相同，Z 坐标距零件右端面应有 $2\sim5$ mm 安全距离。D、E、F 各点 X 坐标应比前一外圆直径大 $2\sim4$ mm。

2. 加工工艺卡

选用硬质合金的外圆车刀，主轴转速为 500 r/min，进给率为 0.2 mm/r，选用 01 号刀具补偿，零件的加工工艺卡如表 3-2-2 所示。

表 3-2-2　加工图 3-2-1 零件图的工艺卡

加工工序		刀具与切削参数					
序号	加工内容	刀具规格			主轴转速（r/min）	进给率（mm/r）	刀具补偿
		刀号	刀具名称	材料			
1	外圆加工	T1	外圆车刀	硬质合金	500	0.2	01

3. 加工参考程序

加工图 3-2-1 所示零件的参考程序如表 3-2-3 所示。

表 3-2-3　加工参考程序

程序段号	程序内容	程序注释
N10	O0001;	程序名
N20	G00　X100　Z200　M03　S500;	刀具快速移动到起点位置（100，200），主轴正转转速 500 r/min
N30	T0101;	选择 1 号刀
N40	G00　X18　Z4;	刀具快速运动到 A 点
N50	G01　Z−30　F0.2;	以 G01 速度从 A 点直线加工到 P_5 点
N60	X22;	刀具沿$+X$方向退出至 D 点，Z 值保持不变，为 $Z−30$
N70	G00　Z4;	刀具沿$+Z$方向快速退回，X 值保持不变，为 $X22$
N80	X14;	X 方向快速进刀至 B 点，Z 值保持不变，为 $Z4$
N90	G01　Z−18;	刀具直线加工到 P_3 点，X 值保持不变，为 $X14$
N100	X20;	刀具沿$+X$方向退出至 E 点，Z 值保持不变，为 $Z−18$
N110	G00　Z4;	刀具沿$+Z$方向快速退回，X 值保持不变，为 $X20$
N120	X10;	X 方向快速进刀至 C 点，Z 值保持不变，为 $Z4$
N130	G01　Z−10;	刀具直线加工到 P_1 点，X 值保持不变，为 $X10$

（续表）

程序段号	程序内容	程序注释
N140	X16;	刀具沿＋X退出至F点，Z值保持不变，为$Z-10$
N150	G00　X100　Z200;	刀具快速退回至起点
N160	M02;	程序结束

4. 注意事项

（1）工件和刀具装夹的可靠性。

（2）机床在试运行前必须进行图形模拟加工，避免因程序错误导致刀具碰撞工件或卡盘，在模拟结束后必须再次回到机械原点后再加工。

（3）快速进刀和退刀时，要注意不要与工件和卡盘碰撞。

（4）加工零件时将手放在"急停"按钮上，如果有紧急情况，迅速按下"急停"按钮，防止意外发生。

5. 检测

检测内容与评分细则如表 3-2-4 所示。

表 3-2-4　检测内容与评分

工件编号				总得分		
项目与权重	序号	技术要求	配分	评分标准	检测结果	得分
工件加工(50%)	1	$\phi18^{\ 0}_{-0.05}$	10	超 0.01 mm 扣 2 分		
	2	$\phi14^{\ 0}_{-0.05}$	10	超 0.01 mm 扣 2 分		
	3	$\phi10^{\ 0}_{-0.05}$	10	超 0.01 mm 扣 2 分		
	4	$10^{\ 0}_{-0.1}$	7	超 0.01 mm 扣 2 分		
	5	$14^{\ 0}_{-0.1}$	7	超 0.01 mm 扣 2 分		
	6	$18^{\ 0}_{-0.1}$	6	超 0.01 mm 扣 2 分		
程序与加工工艺(30%)	5	程序格式规范	10	每错一处扣 2 分		
	6	程序正确、完整	10	每错一处扣 2 分		
	7	切削用量正确	5	不合理每处扣 3 分		
	8	换刀点、起点正确	5	不正确全扣		
机床操作(10%)	9	机床参数设定正确	5	不正确全扣		
	10	机床操作不出错	5	每错一次扣 3 分		
文明生产(10%)	11	安全操作	4	不合格全扣		
	12	机床维护与保养	3	不合格全扣		
	13	工作场所整理	3	不合格全扣		

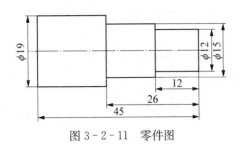

图 3-2-11 零件图

3.2.5 项目实训

（1）加工如图 3-2-11 所示零件，毛坯尺寸 $\phi 20 \times 50$ mm，材料为 45♯钢，各外圆尺寸的加工精度为 0.02 mm，编程原点建在工件右端面中心。

要求使用 G00、G01 基本指令编程，分粗、精车工序。

（2）总结在数控车床上加工轴类零件的操作步骤。

3.3 项目三　曲面轴类零件加工

3.3.1 项目导入

加工如图 3-3-1 所示的工件，材料铝合金，毛坯尺寸 $\phi 120 \times 150$ mm，编程原点建在右端面中心，从右端面轴向走刀切削，各外圆尺寸的加工精度为 0.02 mm，编写零件加工的精加工程序。

3.3.2 项目目标

1. 知识目标

（1）掌握成形面零件数控车削工艺。

（2）掌握使用 G02、G03、G04 指令的手工编程方法和应用场合。

（3）熟悉刀尖半径补偿指令 G40、G41、G42。

2. 技能目标

（1）可以加工带圆弧的轴类零件。

（2）掌握常用数控车刀类型及选用。

（3）掌握数控车床切削用量的选用。

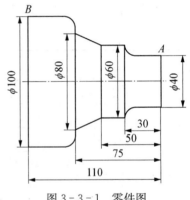

图 3-3-1　零件图

3.3.3 项目分析

选用 FANUC 0i TB 系统，并使用 G02、G03 指令，通过本项目的学习，使学生熟悉这些代码的功能和作用，并能正确选择刀具，合理确定切削用量，能运用所学的知识完成零件的编程与加工。

1. 圆弧插补指令 G02、G03

顺时针圆弧插补用 G02 指令，逆时针圆弧插补用 G03 指令。

1）圆弧方向判断

G02 表示顺时针圆弧，G03 表示逆时针圆弧，圆弧插补的顺逆方向的判断方法是，沿着垂直于圆弧所在平面的坐标轴负方向看，顺时针为 G02，逆时针为 G03，如图 3-3-2 所示。

在判断车削加工中各圆弧的顺逆方向时,一定要注意刀架的位置和 Y 轴的方向。

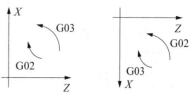

图 3-3-2　圆弧顺逆的判断

2) 编程格式

G02　X(U)＿＿＿　Z(W)＿＿＿　R＿＿＿　F＿＿＿ ;

G02　X(U)＿＿＿　Z(W)＿＿＿　I＿＿＿　K＿＿＿　F＿＿＿ ;

G03　X(U)＿＿＿　Z(W)＿＿＿　R＿＿＿　F＿＿＿ ;

G03　X(U)＿＿＿　Z(W)＿＿＿　I＿＿＿　K＿＿＿　F＿＿＿ ;

编程说明:

(1) $X(U)$、$Z(W)$ 为圆弧终点坐标,圆弧终点位置指刀具切削圆弧的最后一点,可以是绝对坐标,也可以是增量坐标。

(2) 圆弧中心 I、K 的含义:I 为从起点到圆心的矢量在 X 轴方向的投影,K 为从起点到圆心的矢量在 Z 轴方向的投影。圆心坐标 I、K 为圆弧起点到圆弧中心所作矢量分别在 X、Z 坐标轴方向上的分矢量(矢量方向指向圆心)。本系统 I、K 为增量值,并带有“±”号,当分矢量的方向与坐标轴的方向不一致时取“－”号。

(3) R 为圆弧半径。圆弧半径 R 有正值与负值之分,当圆弧圆心角小于或等于 $180°$ 时,程序中的 R 用正值表示。当圆弧圆心角大于 $180°$ 并小于 $360°$ 时,R 用负值表示。用半径 R 指定圆心位置时,不能描述整圆。

3) 编程举例

(1) 加工如图 3-3-3 所示的零件。

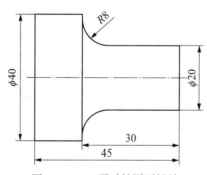

图 3-3-3　顺时针圆弧插补

O0001;　　　　　　　　　　　　　程序名

M03　S800;　　　　　　　　　　　主轴正转,转速 800 r/min

T0101;　　　　　　　　　　　　　选择 1 号刀具 1 号刀补

G00　X42　Z2;　　　　　　　　　快速定位至点(42,2)

X20;　　　　　　　　　　　　　　X 方向快速定位

G01　Z－22　F0.2;　　　　　　　加工外圆面

G02　X36　Z－30　R8;　　　　　　或者 G02　X36　Z－30　I16　K0　F0.2;加工 $R8$ 的顺圆弧

G01　X40;　　　　　　　　　　　X 方向加工

Z－45；	加工外圆面
G00　X100　Z100；	退刀
M30；	程序结束

（2）加工如图 3-3-4 所示的零件。

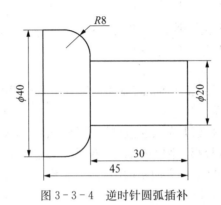

图 3-3-4　逆时针圆弧插补

O0002；	程序名
M03　S800；	主轴正转，转速 800 r/min
T0101；	选择 1 号刀具 1 号刀补
G00　X42　Z2；	快速定位至点(42, 2)
X20；	X 方向快速定位
G01　Z－30　F0.2；	加工外圆面
X24；	X 方向加工
G03　X40　Z－38　R8；	或者 G03　X40　Z－38　I0　K－8　F0.2；加工 R8 的顺圆弧
G01　Z－45；	加工外圆面
G00　X100　Z100；	退刀
M30；	程序结束

2. 程序延时（暂停）指令 G04

1）编程格式

G04　X____；或 G04　P____；

2）编程说明

（1）G04 指令按给定时间延时，不做任何动作，延时结束后再自动执行下一段程序。

（2）该指令主要用于切槽、钻孔过程中为了保证槽底、孔底的尺寸及粗糙度时可使刀具在短时间无进给方式下进行光整加工。

（3）该指令在车台阶轴清根的场合，可使刀具做短时间的无进给光整加工，以提高表面质量。

（4）X 指定时间，单位为秒，P 指定时间，单位是毫秒。

（5）G04 为非模态指令，只有在规定的程序段中有效。

3. 刀具补偿

刀具补偿是补偿实际加工时所使用的刀具与编程时使用的理想刀具或对刀时用的基准刀具之间的差值,从而保证加工出符合图纸尺寸要求的零件。

在数控加工中,由于刀具的安装误差、刀具磨损和刀尖圆弧半径的存在等,利用刀具补偿功能给予补偿,可以有效地解决这些问题,从而加工出符合图纸图样形状要求的零件,此外合理的使用刀具补偿功能还可以简化编程。

数控车床一般都具备刀具补偿功能,包括刀具长度补偿功能和刀尖圆弧半径补偿功能。

1) 刀具长度补偿

刀具长度补偿又称为刀具偏置补偿,用来补偿实际刀具和编程中的假想刀具(通常所谓基准刀具)的偏差,下面几种情况,需要进行刀具长度补偿。

(1) 实际加工中,通常是用不同尺寸的若干把刀具加工同一工件,而编程时是以刀架中心为基准(刀位点)设定工件坐标系的,因此必须将所有刀具的刀尖都移到此基准点,利用刀具位置补偿功能,即可完成。

(2) 对于同一把刀而言,重磨后再把它准确地安装到程序所设定的位置是非常困难的,总是存在着位置误差,这种位置误差在实际加工时便成为加工误差。因此在加工以前,必须用刀具位置补偿功能来修正安装位置误差,即把重磨后的刀具重新安装后,测出重磨后刀尖位置与刀架中心的差值,作为补偿值。

(3) 刀具在加工过程中,都会有不同程度的磨损,磨损后刀具的刀尖位置与编程位置存在着差值,势必造成加工误差。这一问题也可以用修正刀具位置补偿值的方法来解决。

(4) 当工件尺寸发生变化时,只要修正偏移值 X、Z,就可运用刀具位置补偿的方法来解决,而不用修改加工程序。如某工件加工后,外圆直径比程序要求的尺寸大 0.03 mm,则可用 $U-0.03$ 来修改相应存储器中的数值(X 轴方向上),再执行一遍精加工即可保证尺寸达到图纸要求。

刀具长度补偿功能通常由操作面板上 T 功能模块来设定,要特别注意的是,刀具补偿功能只在 G00 或 G01 指令程序段内设定才能有效。其他指令都不能建立、撤销刀具补偿。

在 FANUC 0i 系统中 T 代码格式为 4 位数 T××××,前两位指定调用的刀具号,后两位指定该刀具的补偿号,刀具补偿号实际上就是刀具补偿寄存器的地址号,刀具补偿值由操作者按实际需要输入到数控装置中的补偿寄存器里,如 T0101 即刀具号为 01,刀具补偿号也为 01。为了方便记忆,避免误操作,一般操作者在 T 功能中设定相同的刀具号和刀具补偿号。当补偿号为 0 时,表示不进行补偿或取消刀具补偿。

刀具长度补偿值可用对刀仪测量法、对刀显微镜测量法或试切法确定,其中应用最为广泛的是试切法。

2) 刀尖圆弧半径补偿

车刀的刀尖由于磨损等原因总有一个小圆弧(车刀不可能是绝对尖的)。但是,编程计算点坐标是根据理论刀尖(假想刀尖)A 来计算的,如图 3-3-5 所示。车削时,实际起作用的切削刃是圆弧的各切点,这样在加工圆锥面和圆弧面时,就会产生加工表面的形状误差,如图 3-3-6 所示。从图中看出，由于刀尖圆弧半径 R 的存在，实际车出工件形状为图中虚线，这样就产生圆锥表面误差。如果工件要求不高可忽略不计，如工件要求很高，就应考虑刀尖圆弧半径对工件表面形状的影响。

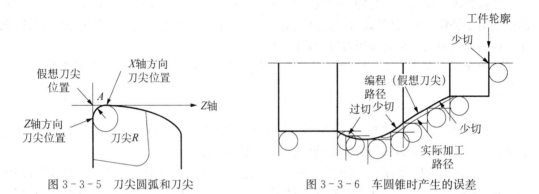

图 3-3-5　刀尖圆弧和刀尖　　　　图 3-3-6　车圆锥时产生的误差

下面用车圆弧的实例来说明刀尖磨损对工件表面形状误差的影响。

如图 3-3-7 所示，编程时刀尖运动轨迹是刀尖 A 轨迹，但是，车削时实际起车削作用的是刀尖圆弧的各切点，因此车出的工件实际表面形状是图中的虚线形状，这样就产生了较大的形状误差。此时就必须考虑刀尖圆弧半径对工件表面形状的影响。

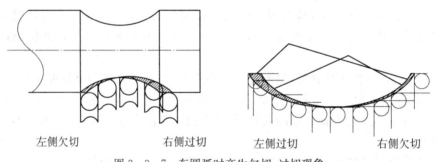

左侧欠切　　　　右侧过切　　　　左侧过切　　　　右侧欠切

图 3-3-7　车圆弧时产生欠切、过切现象

在车内孔、外圆或端面时，因为实际切削刃的运动轨迹与假想刀尖轨迹以及工件轨迹一致，所以并无误差产生。但车圆锥面和圆弧时，在工件轮廓上假想刀尖轨迹与实际切削刃轨迹不重合，就会产生误差。消除误差的方法是采用机床的刀具半径补偿功能。编程者只需按工件轮廓线编程。执行刀具半径补偿后，刀具自动偏离工件轮廓一个刀具半径值，从而消除了刀尖圆弧半径对工件形状的影响，如图 3-3-8 所示。

在编制轮廓切削加工场合中，一般以工件的轮廓尺寸作为刀具运动轨迹进行编程，这样编制加工程序简单，即假设刀具中心运动轨迹是沿工件轮廓运动的，而实际的刀具运动轨迹要与工件轮廓有一个偏移量（刀具半径）。利用刀具半径补偿功能可以方便地实现这一转变，机床可自动判断补偿的方向和补偿值的大小，自动计算出实际刀具中心轨迹，并按刀具中心轨迹运动。从而简化编程。

（1）刀尖半径补偿的指令为 G41、G42、G40。

格式：G00(G01) G41(G42、G40) X(U)____ Z(W)____;

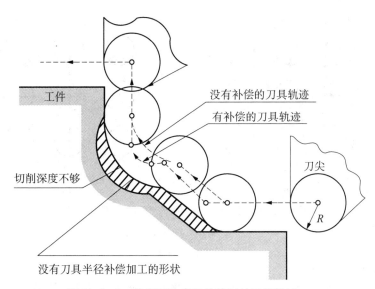

图 3-3-8　执行刀尖半径补偿时的刀具轨迹

其中:G41 指令表示建立、运行刀尖半径左补偿。

G42 指令表示建立、运行刀尖半径右补偿。

G40 指令表示取消刀尖左、右补偿。如需要取消刀尖左右补偿,可编入 G40 代码。这时,使假想刀尖轨迹与编程轨迹重合。

X、Z 表示刀具建立或者取消刀具半径补偿运动中目标点的绝对坐标。

U、W 表示刀具建立或者取消刀具半径补偿运动中目标点的相对坐标。

(2) 刀具半径补偿的应用包括三个阶段,即刀补的建立、刀补的运行和刀补的取消。

刀补的建立是指刀具中心从与编程轨迹重合过渡到与编程轨迹偏离一个偏置量的过程;刀补的进行是指执行有 G41、G42 指令的程序段后,刀具中心始终与编程轨迹相距一个偏置量的过程;刀补的取消是指刀具离开工件后,刀具中心轨迹过渡到与编程轨迹重合的过程。

(3) 判断刀具补偿的方法:从不在加工平面(指 X、Z 平面)的第三轴(Y 轴)的正向朝负向看,观察者跟随在刀具的后面,若刀具始终在被加工轮廓的右侧为右刀补 G42,反之为 G41。

(4) 刀尖的方位号。

车刀的形状有很多,在进行刀尖圆弧半径补偿时,假想刀尖相对于圆弧中心的方位与刀具移动的方向有关,它直接影响圆弧车刀补偿计算的结果,因此必须把代表车刀形状和假想刀尖方位的参数输入到存储器中。我们根据车刀的结构和加工方法把刀尖的方位号归纳为 9 种,如图 3-3-9 所示,主要是按外圆加工、内孔加工、端面加工和钻孔等刀具规定了不同的刀尖定位方向,在操作面板上,每把刀具相对应的都有一组偏置量 X、Z,以及刀尖半径补偿量 R 和刀尖方位号 IP 共 4 个参数。可以用面板上的功能键 OFFSET,同相应的 T 代码一起选择设定、修改,也可用程序指令来输入。常用的外圆车刀正刀的方位角为 3 号,内孔镗刀的方位角为 2 号。

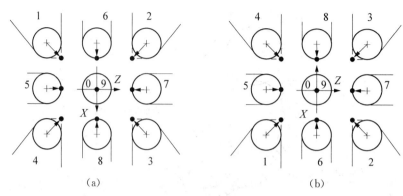

图 3 - 3 - 9　前置、后置刀架车刀刀尖方位角的定义

(a) 前刀架　(b) 后刀架

（5）编程说明。

① G41、G42、G40 指令是通过直线运动来建立或取消刀具补偿的,因此它们不能与圆弧切削指令写在同一个程序段内,只能与 G01、G00 指令在同一程序段。

② 为了避免产生加工误差,在调用新刀具前或要更改刀具补偿方向时,中间必须取消刀具补偿。

③ 程序的最后必须以取消偏置状态结束,否则刀具不能在终点定位,而是停在与终点位置偏移一个矢量的位置上。

④ G41、G42、G40 是模态代码。一经设定持续有效。

⑤ 在使用 G41 和 G42 之后的程序段,不能出现连续两个或两个以上的不移动指令,否则 G41 和 G42 会失效。

采用刀具半径补偿功能,编程人员只需按工件轮廓轨迹编程,在程序加工前,首先要将刀具的刀尖方位号和刀尖半径 r 输入该刀具号的存储器中,刀尖半径补偿才能起作用。刀尖圆弧半径补偿会通过 G41、G42、G40 指令和刀具号 T 指令一起进行调用或取消。加工中执行刀具半径补偿后,刀具会自动偏离工件轮廓一个刀具半径值,从而消除刀尖圆弧半径对工件形状的影响。当刀具半径变化时,不需修改加工程序,只需修改相应刀具补偿号和刀具圆弧半径值即可。

4. 刀具类型及选用

1) 对刀具的要求

数控刀具应具有高的切削效率,高的精度和重复定位精度,高的可靠性和耐用度,能够实现刀具尺寸的预调和快速换刀,并且具有一个比较完善的工具系统,在建立刀具管理系统的基础上,应有刀具在线监控及尺寸补偿系统。

2) 车刀的类型

常用车刀类型如图 3 - 3 - 10 所示。

3) 车刀的选用

刀具的选用是数控车削加工的重要内容之一。数控车削加工对刀具的要求教普通车床高,不仅要求其刚性好、切削性能好、耐用度高,而且安全调整方便。

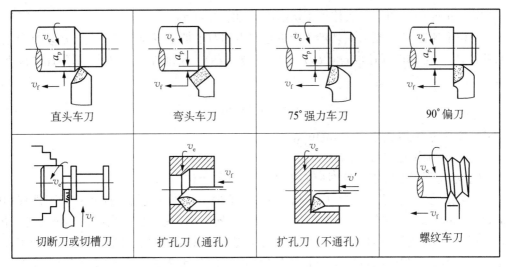

图 3 - 3 - 10　常用的车刀类型

　　数控车床一般采用机夹可转位车刀,如图 3 - 3 - 11 所示,机械夹固式可转位车刀由刀杆、刀片、刀垫以及夹紧元件组成。刀片每边都有切削刃,当某切削刃磨损钝化后,只需松开夹紧元件,将刀片转一个位置便可继续使用。

　　刀片是机夹可转位车刀的一个最重要组成元件。按照国标 GB2076 - 87,大致可分为带圆孔、带沉孔以及无孔三大类。形状有:三角形、正方形、五边形、六边形、圆形以及菱形等共 17 种。图 3 - 3 - 12 为几种常见的刀片。

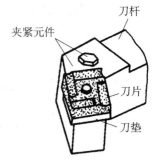

图 3 - 3 - 11　机夹可转位车刀结构

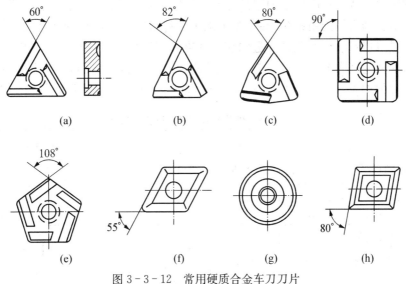

图 3 - 3 - 12　常用硬质合金车刀刀片

5. 切削用量

数控车削加工的切削用量包括:切削速度 V_c(或主轴转速 n)、进给速度 V_f(或进给量

f)、背吃刀量 a_p 三项内容。数控车床切削用量的定义如下：

（1）切削速度 V_c。指刀具切削刃上的选定点相对于加工表面上该点在主运动方向上的瞬时速度，即主运动的线速度，单位为 m/min（或 m/s）。车削加工运动中，切削速度按下式计算：

$$V_c = 1\,000\pi dn \tag{3-3-1}$$

式中：V_c 表示切削速度，单位为 m/min；

　　　n 表示主轴转速，单位为 r/min；

　　　d 表示切削刃选定点处所对应的工件回转直径，单位为 mm。

（2）进给速度 V_f（或进给量 f）。指在单位时间内，刀具沿进给方向相对于工件移动的距离（单位 mm/min），进给量 f 是工件（或刀具）每转一周（或往复一次或刀具每转过一齿）时，工件与刀具在进给方向上的相对位移。通常数控车床规定用进给量（单位 mm/r）来表示进给速度。数控车削中进给量 f 是指工件每转一周，刀具沿着进给方向的移动量，单位为 mm/r。

（3）背吃刀量 a_p。指已加工表面和待加工表面之间的垂直距离，又称切削深度，单位 mm。背吃刀量应根据工件的加工余量来确定。车外圆时，背吃刀量 a_p 按下式计算：

$$a_p = d_w - d_m \tag{3-3-2}$$

式中：d_w 表示待加工表面直径，单位为 mm；

　　　d_m 表示已加工表面直径，单位为 mm。

背吃刀 a_p 的大小直接影响刀具主切削刃的工作长度，可以反映出切削负荷大小。

在金属切削加工过程中，需要根据不同的工件材料、刀具材料和其他技术要求来选择合适的切削速度 V_c、进给量 f 和背吃刀量 a_p，这三个参数是调整机床计算切削力、切削功率和工时定额的重要参数。切削用量的选择对数控车削加工效率和加工质量有重要影响。

编程人员在确定切削用量时，要根据被加工工件材料、硬度、切削状态、刀具耐用度，先确定背吃刀量、进给量，最后选择合适的切削速度。在工厂的实际生产过程中，切削用量一般根据经验并通过查表的方式进行选取。常用硬质合金或涂层硬质合金切削不同材料时的切削用量推荐值如表 3-3-1 所示，表 3-3-2 为常用切削用量推荐表，仅供参考。

表 3-3-1　硬质合金刀具切削用量推荐表

刀具材料	工件材料	粗加工			精加工		
		切削速度 $V_c/\text{m} \cdot \text{min}^{-1}$	进给量 $f/\text{mm} \cdot \text{r}^{-1}$	背吃刀量 a_p/mm	切削速度 $V_c/\text{m} \cdot \text{min}^{-1}$	进给量 $f/\text{mm} \cdot \text{r}^{-1}$	背吃刀量 a_p/mm
硬质合金或涂层硬质合金	碳钢	220	0.2	3	260	0.1	0.4
	低合金钢	180	0.2	3	220	0.1	0.4
	高合金钢	120	0.2	3	160	0.1	0.4
	铸铁	80	0.2	3	120	0.1	0.4
	不锈钢	80	0.2	2	60	0.1	0.4

(续表)

刀具材料	工件材料	粗加工			精加工		
		切削速度 $V_c/m \cdot min^{-1}$	进给量 $f/mm \cdot r^{-1}$	背吃刀量 a_p/mm	切削速度 $V_c/m \cdot min^{-1}$	进给量 $f/mm \cdot r^{-1}$	背吃刀量 a_p/mm
	钛合金	40	0.2	1.5	150	0.1	0.4
	灰铸铁	120	0.2	2	120	0.15	0.5
	球墨铸铁	100	0.2 0.3	2	120	0.15	0.5
	铝合金	1 600	0.2	1.5	1 600	0.1	0.5

表 3 - 3 - 2 常用切削用量推荐表

工件材料	加工内容	背吃刀量 a_p/mm	切削速度 $V_c/m \cdot min^{-1}$	进给量 $f/mm \cdot r^{-1}$	刀具材料
碳素钢 $\sigma_b > 600$ MPa	粗加工	5～7	60～80	0.2～0.4	YT 类
	粗加工	2～3	80～120	0.2～0.4	
	精加工	2～6	120～150	0.1～0.2	
碳素钢 $\sigma_b > 600$ MPa	钻中心孔		500～800 r · min⁻¹	钻中心孔	W18Cr4V
	钻孔		25～30	钻孔	
	切断 （宽度<5 mm）	70～110	0.1～0.2	切断 （宽度<5 mm）	YT 类
铸铁 HBS<200	粗加工		50～70	0.2～0.4	YG 类
	精加工		70～100	0.1～0.2	
	切断 （宽度<5 mm）	50～70	0.1～0.2		
	切断 （宽度<5 mm）	50～70	0.1～0.2	切断 （宽度<5mm）	

3.3.4 项目实施

1. 工艺分析

该零件圆柱尺寸要求较高,采用粗、精加工保证零件表面质量和尺寸精度。

(1) 确定工件坐标系,建立在工件右端中心处。

(2) 加工时从右端加工至左端各外圆,编写精加工程序时,从右端加工至左端各外圆。

(3) 零件材料为铝合金,材料比较软,进给选择可以相对大一点。

2. 加工工艺卡

图 3 - 3 - 1 所示零件的加工工艺卡如表 3 - 3 - 3 所示。

表 3-3-3 加工工艺卡

加工工序		刀具与切削参数					
序号	加工内容	刀具规格			主轴转速 （r/min）	进给率 （mm/r）	刀具补偿
		刀号	刀具名称	材料			
1	外圆加工	T1	外圆车刀	硬质合金	1 200	0.3	01
2	工件切断	T2	切断刀	硬质合金	300	0.08	02

3. 加工参考程序

图 3-3-1 所示零件的加工参考程序如表 3-3-4 所示。

表 3-3-4 加工参考程序

程序段号	程序内容	程序注释
N10	O0001；	
N20	G97 M03 S1200 F0.3；	转速 1 200 r/min，进给为 0.3 mm/r
N30	T0101；	1 号刀具 1 号刀补
N40	G00 X130. Z0；	快速移动到工件外
N50	G01 X-1.；	切端面
N60	G00 X40；	抬到
N70	G01 Z-25.；	加工 $\phi 40$ 的外圆
N80	G02 X50. Z-30. R5.；	加工顺圆弧
N90	G01 X60.；	X 方向移动至 X60
N100	Z-50.；	加工 $\phi 60$ 的外圆
N110	X80. Z-75.；	加工圆锥
N120	X70.；	X 方向移动至 X70
N130	G03 X100. Z-80.；	加工逆圆弧
N135	G01 Z-110.；	加工 $\phi 80$ 的外圆
N140	G00 X150.；	X 方向退刀
N145	Z100.；	Z 方向退刀
N150	M03 S300 T0202；	换切断刀，转速 1 200 r/min
N160	G00 X125. Z-110.；	快速移动至切断点
N170	G01 X0. F0.08；	切断加工
N180	G04 X1.；	暂停 1 秒
N190	G00 X125.；	X 方向退刀
N200	G00 X150. Z100.；	退刀
N210	M05；	主轴停转
N220	M30；	程序结束

4. 注意事项

产生圆弧误差的原因主要有以下两类：

（1）车刀刀尖没有做补偿，引起的加工误差一般可以通过在程序段中加入刀尖补偿和编程调整刀尖轨迹使圆弧形刀尖实际加工轮廓与理想轮廓相符。

（2）其他情况如表 3－3－5 所示。

表 3－3－5　圆弧加工可能出现的问题

问题现象	产生原因	预防和消除
切削过程中出现干涉现象	刀具参数不正确 刀具安装不正确	正确编制程序 正确安装刀具
圆弧凹凸方向不对	程序不正确	正确编制程序
圆弧尺寸不符合要求	程序不正确 刀具磨损 没有加刀尖圆弧半径补偿	正确编制程序 及时更换刀具 加入刀尖圆弧半径补偿
圆弧在象限处有换刀痕迹	X 轴反向间隙过大 X 轴反向间隙未调整好	调整间隙或更换丝杆 重新测定调整反向间隙

5. 检测

根据图 3－3－1 零件图纸要求，对工件进行检测，并对零件进行质量分析，完成表 3－3－6。

表 3－3－6　检测内容与评分

工件编号					总得分		
项目与权重	序号	技术要求	配分	评分标准	检测结果	得分
工件加工(50%)	1	$\phi40_{-0.05}^{0}$	8	超 0.01 mm 扣 2 分		
	2	$\phi60_{-0.05}^{0}$	8	超 0.01 mm 扣 2 分		
	3	$\phi80_{-0.05}^{0}$	8	超 0.01 mm 扣 2 分		
	4	$\phi100_{-0.05}^{0}$	5	超 0.01 mm 扣 2 分		
	5	$R5_{-0.01}^{0}$	5	超 0.05 mm 扣 2 分		
	6	$30_{-0.01}^{0}$	4	超 0.05 mm 扣 2 分		
	7	$50_{-0.01}^{0}$	4	超 0.05 mm 扣 2 分		
	8	$75_{-0.01}^{0}$	4	超 0.05 mm 扣 2 分		
	9	$110_{-0.01}^{0}$	4	超 0.05 mm 扣 2 分		
程序与加工 工艺(30%)	10	程序格式规范	10	每错一处扣 2 分		
	11	程序正确、完整	10	每错一处扣 2 分		
	12	切削用量正确	5	不合理每处扣 3 分		
	13	换刀点、起点正确	5	不正确全扣		

(续表)

工件编号				总得分		
项目与权重	序号	技术要求	配分	评分标准	检测结果	得分
机床操作(10%)	14	机床参数设定正确	5	不正确全扣		
	15	机床操作不出错	5	每错一次扣3分		
文明生产(10%)	16	安全操作	4	不合格全扣		
	17	机床维护与保养	3	不合格全扣		
	18	工作场所整理	3	不合格全扣		

3.3.5 项目实训

（1）编写如图3-3-13所示零件的精加工程序，工件材料铝合金，毛坯尺寸 $\phi40\times100$ mm，编程原点建在右端面中心，从右端面轴向走刀切削，各外圆尺寸的加工精度为0.02 mm。

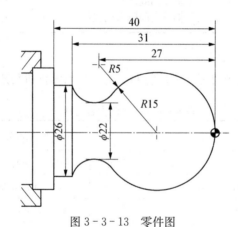

图3-3-13 零件图

（2）简述圆弧方向的判断方法。

3.4 项目四 单一固定循环指令应用

3.4.1 项目导入

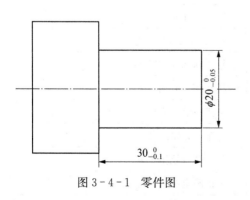

图3-4-1 零件图

加工如图3-4-1所示工件，毛坯尺寸 $\phi50\times130$ mm，工件材料为铝合金，编程原点建在右端面中心，从右端面轴向走刀切削，粗加工每次切深为1.5 mm，进给量 F 为0.3 mm/r，精加工余量 X 方向为0.5 mm，Z 方向为0.1 mm，外圆尺寸的加工精度为0.02 mm，编写零件加工的粗、精加工程序。

3.4.2　项目目标

1. 知识目标

(1) 掌握零件数控车削工艺。

(2) 掌握使用 G90、G94 指令的手工编程方法和应用场合。

2. 技能目标

(1) 可以使用循环指令简化程序加工零件。

(2) 能进行数控车削加工工艺分析，编制工艺卡。

3.4.3　项目分析

选用 FANUC 0i TB 系统，通过本项目的学习，使学生熟悉单一固定循环代码的功能和作用，并能正确选择刀具，合理确定切削用量，能运用所学的知识完成零件的编程与加工。

1. 外径、内径切削循环指令 G90

1) 编程格式

直线切削(圆柱面)固定循环：G90　X(U)＿＿＿　Z(W)＿＿＿　F＿＿＿；

锥形切削固定循环：G90　X(U)＿＿＿　Z(W)＿＿＿　R＿＿＿　F＿＿＿；

其中：$X(U)$、$Z(W)$ 表示车削循环中车削的终点坐标；

R 表示圆锥面切削的起点相对于终点的半径差。

2) 走刀路线

形状为矩形，单一固定循环可以将一系列连续加工动作，如"切入→切削→退刀→返回"，用一个循环指令完成，从而简化程序。要加工一个台阶只要一个程序段就可以了。

所以可以将四个命令用一个 G90 来代替，如图 3-4-2 所示，图中 R 表示快速进给，F 表示按照指定速度进给，用增量坐标编程时地址 U、W 的符号由轨迹 1、2 的方向决定，沿负方向移动为负号，否则为正号。

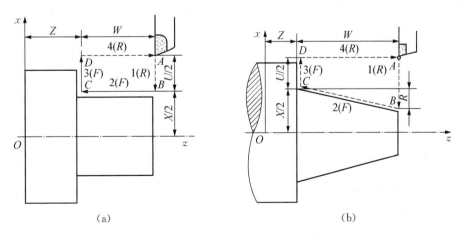

(a)　　　　　　　　　　　　　　　(b)

图 3-4-2　G90 车削循环走刀路线

(a) 外圆、内孔车削循环　(b) 圆锥面车削循环

外圆柱面加工时：(X, Z) 为终点 C 坐标，(U, W) 为终点 C 相对于起点 A 坐标值的增

量。如图 3 - 4 - 2(a)所示(R)表示快速进给,(F)为按指定速度进给。单程序段加工时,按一次循环启动键可完成 1→2→3→4 的轨迹操作。

外圆锥面加工时,R 的意义为圆锥体大小端的差值,如图 3 - 4 - 2(b)所示,X(U),Z(W)的意义同前。用增量坐标编程时要注意 R 的符号,确定方法是锥面起点 B 坐标大于终点 C 坐标时 R 为正,反之为负。

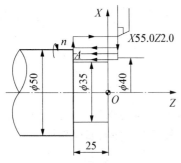

图 3 - 4 - 3　圆柱面切削循环举例

3) 编程举例

(1) 加工如图 3 - 4 - 3 所示零件,利用单一固定循环指令 G90 编写加工程序。

① 确定切削次数及切削深度:

径向差为 50−35＝15 mm,每次单边切削深度为 2.5 mm,循环次数为 3 次。

② 编写程序如下:

N10　G50　X200　Z200　T0101;

N20　M03　S1000;

N30　G00　X55　Z4　M08;

N40　G01　G96　Z2　F2.5　S150;

N50　G90　X45　Z−25　F0.2;　　　　第一次循环

N60　X40;　　　　　　　　　　　　第二次循环

N70　X35;　　　　　　　　　　　　第三次循环

N80　G00　X200　Z200;

N90　M30;

(2) 加工如图 3 - 4 - 4 所示零件,利用单一固定循环指令 G90 编写加工程序。

① 确定切削次数及切削深度:

径向差为 50−35＝15 mm,每次单边切削深度为 2.5 mm,循环次数为 3 次。

② 编写程序如下:

……

G01　X65　Z2;

G90　X60　Z−35　R−5　F0.2;

X50;

G00　X100　Z200;

……

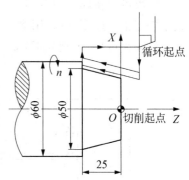

图 3 - 4 - 4　圆锥面切削循环举例

2. 端面切削循环指令

1) 编程格式

直端面车削固定循环:G94　X(U)____　Z(W)____　F ____;

锥端面切削固定循环:G94　X(U)____　Z(W)____　K(或 R)____　F ____;

其中:X、Z 表示端面切削的终点坐标值;

U、W 表示端面切削的终点相对于循环起点的坐标;

K(或 R)表示圆锥面切削的起点相对于终点的半径差。

2）编程说明

端面切削循环包含 4 个过程:进刀→车削→退刀→返回。

所以可以将四个命令用一个 G94 来代替,如图 3-4-5 所示,R 表示快速进给,F 表示按照指定速度进给,用增量坐标编程时地址 U、W 的符号由轨迹 1、2 的方向决定,沿负方向移动为负号,否则为正号。

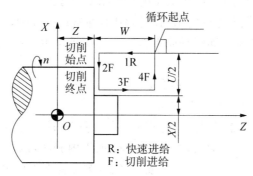

图 3-4-5　直端面切削循环

3. 数控车削加工工艺设计

数控加工工艺设计是对工件进行数控加工前必不可少的准备工作。无论是手工编程还是计算机辅助编程,在编程前都要对所加工的零件进行工艺分析、拟定工艺路线、设计加工工序。此外,工艺设计方案是编制加工程序的依据,工艺方案设计不好是数控加工出差错的主要原因之一,往往造成操作反复、工作量成倍增加。因此,编程人员必须首先搞好工艺设计,再进行编程。

1）数控加工工艺内容的选择

（1）适用于数控加工的内容如下:

① 通用机床无法加工的内容应作为优先选择内容。

② 通用机床难加工,质量也难以保证的内容应作为重点选择内容。

③ 通用机床加工效率低、工人手工操作劳动强度大的内容,可在数控机床尚存在富裕加工能力时选择。

（2）不适用于数控加工的内容如下:

① 占机调整时间长。如以毛坯的粗基准定位加工第一个精基准,需用专用工装协调的内容。

② 加工部位分散,需要多次安装、设置原点。这时,采用数控加工很麻烦,效果不明显,可安排通用机床补加工。

③ 按某些特定的制造依据(如样板等)加工的型面轮廓。主要原因是获取数据困难,易于与检验依据发生矛盾,增加了程序编制的难度。

此外,在选择和决定加工内容时,也要考虑生产批量、生产周期、工序间周转情况等等。总之,要尽量做到合理,达到多、快、好、省的目的。要防止把数控机床降格为通用机床使用。

2）数控加工工艺性分析

被加工零件的数控加工工艺性问题涉及面很广,下面结合编程的可能性和方便性提出一些必须分析和审查的主要内容。

（1）尺寸标注应符合数控加工的特点。

（2）几何要素的条件应完整、准确。

（3）定位基准可靠。

（4）统一几何类型及尺寸。

3）数控加工工艺路线的设计

在数控车床上加工工件，应按工序集中的原则划分工序，一次装夹尽可能完成大部分甚至全部表面的加工。根据零件的结构形状不同，通常选择外圆、端面装夹或内孔、端面装夹，并力求设计基准、工艺基准和编程原点的统一。在批量生产中，常按零件加工表面及粗、精加工方法划分工序。

（1）数控加工工序的划分一般可按下列3种方法进行。

① 以一次安装所加工的内容划分。

这种方法主要是将加工部位分为几个部分，每道工序加工其中一部分，一般适合于加工内容不多的工件，如加工外形时，以内腔夹紧；加工内腔时，以外形夹紧。还有，将位置精度要求较高的表面安排在一次安装下完成，以免多次安装所产生的安装误差影响位置精度。

② 以同一把刀具所加工的内容划分。

对于工件的待加工表面较多，机床连续工作时间较长的情况，可以采用刀具集中的原则划分工序，在一次装夹中用一把刀完成可以加工的全部加工部位，然后再换第二把刀，加工其他部位。在专用数控机床或加工中心上大多采用这种方法。

有些零件结构较复杂，既有回转表面，也有非回转表面；既有外圆、平面，也有内腔、曲面。对于加工内容较多的零件，按零件结构特点将加工内容组合分成若干部分，每一部分用一把典型刀具加工。这时可以将组合在一起的所有部位作为一道工序。然后再将其他组合在一起的部位换另外一把刀具加工，作为新的一道工序。这样可以减少换刀次数，减少空行程时间。

③ 按粗、精加工来划分。

一般来说，在一次安装中不允许将工件的某一表面粗、精不分地加工至精度要求后，再加工工件的其他表面。对于容易发生加工变形的零件，考虑到工件的加工精度、变形等因素，通常粗加工后需要进行矫形，这时粗加工与精加工作为两道工序，即以粗加工中完成的那部分工艺过程为一道工序，精加工中完成的那部分工艺过程为另一道工序，即先粗后精，可以采用不同的刀具或不同的数控车床加工。对毛坯余量较大和加工精度要求较高的零件，应将粗车和精车分开，划分成两道或更多的工序。将粗车安排在精度较低、功率较大的数控车床上，将精车安排在精度较高的数控车床上。

（2）加工顺序的安排应根据工件的结构和毛坯状况，选择工件的定位和安装方式，重点保证工件的刚度不被破坏，尽量减少变形，一般需遵循下列原则。

① 先加工定位面，即上道工序的加工能为后面的工序提供精基准和合适的夹紧表面，不能互相影响。制定零件的整个工艺路线就是从最后一道工序开始往前推，按照前工序为后工序提供基准的原则先大致安排。

② 先加工平面，后加工孔；先内后外，先加工工件的内腔，后进行外形加工；先加工简单的几何形状，再加工复杂的几何形状。

③ 根据加工精度要求的情况，可将粗、精加工合为一道工序。对精度要求高，粗精加工

需分开进行的,先粗加工后精加工。

④ 以相同定位、夹紧方式安装的工序,最好接连进行,以减少重复定位次数、夹紧次数及空行程时间。

⑤ 中间穿插有通用机床加工工序的要综合考虑,合理安排其加工顺序。

⑥ 在一次安装加工多道工序中,先安排对工件刚性破坏较小的工序。

上述工序顺序安排的一般原则不仅适用于数控车削加工工序顺序的安排,也适用于其他类型的数控加工工序顺序的安排。

(3) 数控加工工艺与普通工序的衔接。数控加工工序前后一般都穿插有其他普通加工工序,如衔接得不好就容易产生矛盾。因此在熟悉整个加工工艺内容的同时,要清楚数控加工工序与普通加工工序各自的技术要求、加工目的、加工特点,如要不要留加工余量,留多少;定位面与孔的精度要求及形位公差;对校形工序的技术要求;对毛坯的热处理状态等,这样才能使各工序达到相互满足加工需要,且质量目标及技术要求明确,交接验收有依据。

4) 加工顺序的安排

制定零件车削加工顺序一般遵循先粗后精、先近后远和内外交叉的原则。

(1) 先粗后精。按照粗车→半精车→精车的顺序,逐步提高加工精度。粗车将在较短的时间内将工件表面上的大部分加工余量(图 3-4-6 中的双点划线内所示部分)切掉,一方面提高金属切除率,另一方面满足精车的余量均匀性要求。若粗车后所留余量的均匀性满足不了精加工的要求,则要安排半精加工,为精车作准备。精车要保证加工精度,按图样尺寸,一刀车出零件轮廓。

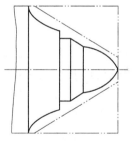

图 3-4-6　先粗后精示例

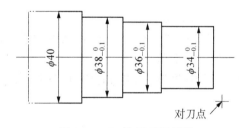

图 3-4-7　先近后远示例

(2) 先近后远。这量所说的远和近是按加工部位相对于对刀点的距离大小而言的。在一般情况下,离对刀点远的部位后加工,以便缩短刀具移动距离,减少空行程时间。而且对于车削而言,先近后远还有利于保持坯件或半成品的刚性,改善其切削条件。

例如,当加工如图 3-4-7 所示零件时,如果按 $\phi38$ mm→$\phi36$ mm→$\phi34$ mm 的次序安排车削,不仅会增加刀具返回对刀点所需的空行程时间,而且一开始就削弱了工件的刚性,还可能使台阶的外直角处产生毛刺。对这类直径相差不大的台阶轴,当第一刀的背吃刀量(图中最大背吃刀量可为 3 mm 左右)未超过限时,宜按 $\phi34$ mm→$\phi36$ mm→$\phi38$ mm 的次序先近后远地安排车削。

(3) 内外交叉。对既有内表面(内型、腔),又有外表面需加工的零件,安排加工顺序时应先进行内外表面粗加工,后进行内外表面精加工。切不可将零件上一部分表面(外表面或内表面)加工完毕后,再加工其他表面(内表面或外表面)。

5）进给路线的确定

刀具刀位点相对于工件的运动轨迹和方向称为进给路线,即刀具从对刀点开始运动起,直至加工结束所经过的路径,包括切削加工的路径及刀具切入、切出等切削空行程。在数控车削加工中,因精加工的进给路线基本上都是沿零件轮廓的顺序进行,因此确定进给路线的工作重点主要在于确定粗加工及空行程的进给路线。加工路线的确定必须在保证被加工零件的尺寸精度和表面质量的前提下,按最短进给路线的原则确定,以减少加工过程的执行时间,提高工作效率。在此基础上,还应考虑数值计算的简便,以方便程序的编制。

下面是数控车削加工零件时常用的加工路线。

（1）轮廓粗车进给路线。在确定粗车进给路线时,根据最短切削进给路线的原则,同时兼顾工件的刚性和加工工艺性等要求,来选择确定最合理的进给路线。

图3-4-8给出了3种不同的轮廓粗车切削进给路线,其中图3-4-8(a)表示利用数控系统的循环功能控制车刀沿着工件轮廓线进行进给的路线;图3-4-8(b)为三角形循环(车锥法)进给路线;图3-4-8(c)为矩形循环进给路线,其路线总长最短,因此在同等切削条件下的切削时间最短,刀具损耗最少。

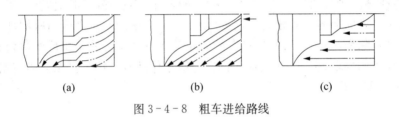

| (a)   (b)   (c)

图3-4-8　粗车进给路线

（2）车槽加工路线分析。

① 对于宽度、深度值相对不大,且精度要求不高的槽,可采用与槽等宽的刀具,直接切入一次成型的方法加工,如图3-4-9所示。刀具切入到槽底后可利用延时指令使刀具短暂停留,以修整槽底圆度,退出过程中可采用工进速度。

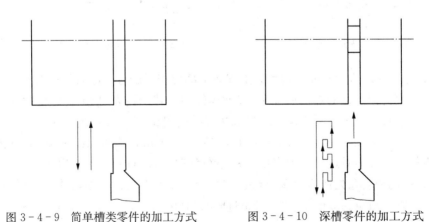

图3-4-9　简单槽类零件的加工方式　　　　图3-4-10　深槽零件的加工方式

② 对于宽度值不大,但深度较大的深槽零件,为了避免切槽过程中由于排屑不畅,使刀具前部压力过大出现扎刀和折断刀具的现象,应采用分次进刀的方式,刀具在切入工件一定深度后,停止进刀并退回一段距离,达到排屑和断屑的目的,如图3-4-10所示。

③ 宽槽的切削。通常把大于一个切刀宽度的槽称为宽槽,宽槽的宽度、深度的精度及表面质量要求相对较高。在切削宽槽时常采用排刀的方式进行粗切,然后是用精切槽刀沿槽的一侧切至槽底,精加工槽底至槽的另一侧,再沿侧面退出,切削方式如图 3 - 4 - 11 所示。

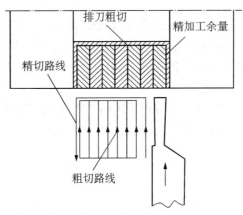

图 3 - 4 - 11　宽槽切削方法示意图

(3) 空行程进给路线。

① 合理安排"回零"路线。合理安排退刀路线时,应使其前一刀终点与后一刀起点间的距离尽量减短,或者为零,以满足进给路线为最短的要求。另外,在选择返回参考点指令时,在不发生加工干涉现象的前提下,宜尽量采用 X、Z 坐标轴同时返回参考点指令,该指令的返回路线将是最短的。

② 巧用起刀点和换刀点。图 3 - 4 - 12(a)为采用矩形循环方式粗车的一般情况。考虑到精车等加工过程中换刀的方便,故将对刀点 A 设置在离坯件较远的位置处,同时将起刀点与对刀点重合在一起,按三刀粗车的进给路线安排如下:第一刀为 A→B→C→D→A;第二刀为 A→E→F→G→A;第三刀为 A→H→I→J→A。

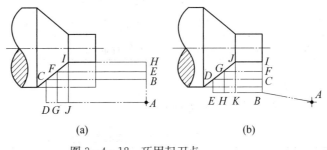

图 3 - 4 - 12　巧用起刀点

图 3 - 4 - 12(b)则是将起刀点与对刀点分离,并设于 B 点位置,仍按相同的切削用量进行三刀粗车,其进给路线安排如下:车刀先由对刀点 A 运行至起刀点 B;第一刀为 B→C→D→E→B;第二刀为 B→F→G→H→B;第三刀为 B→I→J→K→B。

显然,图 3 - 4 - 12(b)所示的进给路线短。该方法也可用在其他循环(如螺纹车削)的切削加工中。

为考虑换刀的方便和安全,有时将换刀点也设置在离坯件较远的位置处(图3-4-12中的 A 点),那么,当换刀后,刀具的空行程路线也较长。如果将换刀点都设置在靠近工件处,则可缩短空行程距离。换刀点的设置,必须确保刀架在回转过程中,所有的刀具不与工件发生碰撞。

(4)轮廓精车进给路线。

在安排轮廓精车进给路线时,应妥善考虑刀具的进、退刀位置,避免在轮廓中安排切入和切出,避免换刀及停顿,以免因切削力突然发生变化而造成弹性变形,致使在光滑连续的轮廓上产生表面划伤、形状突变或滞留刀痕等缺陷。合理的轮廓精车进给路线应是一刀连续加工而成。

零件加工的进给路线,应综合考虑数控系统的功能、数控车床的加工特点及零件的特点等多方面的因素,灵活使用各种进给方法,从而提高生产效率。

3.4.4　项目实施

1. 工艺分析

(1)确定工件坐标系,图3-4-1所示阶梯轴的工件坐标系建立在工件右端面中心处。

(2)利用系统的单一固定循环完成工件任务的粗加工,每次切削深度为1.5 mm,单边留精加工余量0.5 mm。

(3)加工材料为铝合金,硬度较低,切削力较小,具体切削用量参见加工工艺卡。

2. 加工工艺卡

图3-4-1所示零件的加工工艺卡如表3-4-1所示。

表3-4-1　零件加工工艺卡

加工工序					刀具与切削参数		
序号	加工内容	刀具规格			主轴转速(r/min)	进给率(mm/r)	刀具补偿
		刀号	刀具名称	材料			
1	外圆加工	T1	外圆车刀	硬质合金	500	0.3	01
2	外圆加工	T2	外圆车刀	硬质合金	500/1 200	0.3/0.1	02
3	工件切断	T3	3 mm 切断刀	硬质合金	300	0.08	03

3. 加工参考程序

图3-3-1所示零件的加工参考程序如表3-4-2所示。

表3-4-2　加工参考程序

程序段号	程序内容	程序注释
N10	O0001;	程序名
N20	G97 G99 M03 S500 F0.3;	转速500 r/min,进给为0.3 mm/r
N30	T0101;	1号刀具1号刀补
N40	G00 X55. Z2.;	循环起点

（续表）

程序段号	程序内容	程序注释
N50	G90 X47. Z−30. F0.3;	外径单一固定循环指令,第一次循环加工
N60	X44.;	第二次循环加工
N70	X41.;	第三次循环加工
N80	X38.;	第四次循环加工
N90	X35.;	第五次循环加工
N100	X32.;	第六次循环加工
N110	X29.;	第七次循环加工
N120	X26.;	第八次循环加工
N130	X23.;	第九次循环加工
N140	X21.;	第十次循环加工,单边留精加工余量 0.5 mm
N150	G00 X100. Z100.;	退刀
N160	T0202;	换刀精加工
N170	S1000;	转速为 1 000 r/min
N180	G00 X20. Z2.;	快速定位至点(20, 2)
N190	G01 Z−30.;	加工外圆
N200	X55.;	X 方向退刀
N210	G00 X100. Z100.;	退刀
N220	T0303 S300;	换切断刀
N230	G00 X55. Z−130.;	快速定位至点(55, −130)
N240	G01 X0 F0.08;	工件切断
N250	G00 X55.;	X 方向退刀
N260	G00 X100 Z100;	退刀
N270	M05;	主轴停转
N280	M30;	程序结束

4. 检测

检测内容与评分细则如表 3－4－3 所示。

表 3－4－3　检测内容与评分

工件编号				总得分		
项目与权重	序号	技术要求	配分	评分标准	检测结果	得分
工件加工(50%)	1	$\phi20^{\ 0}_{-0.05}$	30	超 0.01 mm 扣 2 分		
	3	30	20	超 0.01 mm 扣 2 分		

（续表）

工件编号					总得分		
项目与权重	序号	技术要求	配分	评分标准		检测结果	得分
程序与加工工艺(30%)	5	程序格式规范	10	每错一处扣2分			
	6	程序正确、完整	10	每错一处扣2分			
	7	切削用量正确	5	不合理每处扣3分			
	8	换刀点、起点正确	5	不正确全扣			
机床操作(10%)	9	机床参数设定正确	5	不正确全扣			
	10	机床操作不出错	5	每错一次扣3分			
文明生产(10%)	11	安全操作	4	不合格全扣			
	12	机床维护与保养	3	不合格全扣			
	13	工作场所整理	3	不合格全扣			

3.4.5　项目实训

加工如图 3-4-13 所示工件，毛坯尺寸 $\phi50\times100$ mm，工件材料为铝合金，编程原点建在右端面中心，从右端面轴向走刀切削，粗加工每次切深为 1.5 mm，进给量 F 为 0.3 mm/r，精加工余量 X 方向为 0.5 mm，Z 方向为 0.1 mm，外圆尺寸的加工精度为 0.02 mm，编写零件加工的粗、精加工程序。

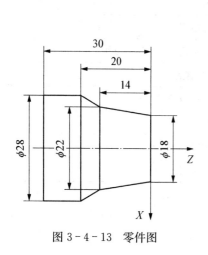

图 3-4-13　零件图

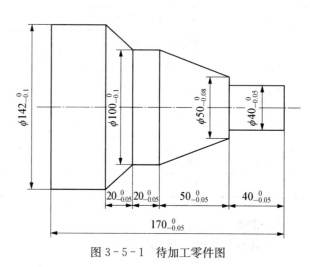

图 3-5-1　待加工零件图

3.5　项目五　复合循环指令应用

3.5.1　项目导入

加工如图 3-5-1 所示工件，毛坯尺寸 $\phi150\times210$ mm，材料为铝合金，编程原点建在右端面中心,从右端面轴向走刀切削,粗加工每次切深为 1.5 mm,进给量 F 为 0.2 mm/r,精加工余量 X 方向为 0.5 mm, Z 方向为 0.1 mm,使用复合循环指令编写零件加工的加工程序。

3.5.2　项目目标

1. 知识目标

(1) 掌握零件数控车削工艺;

(2) 掌握使用 G71、G73 指令的手工编程方法和应用场合。

2. 技能目标

可以使用循环指令简化程序加工零件。

3.5.3　项目分析

选用 FANUC 0i TB 系统,通过本项目的学习,使学生熟悉这些循环代码的功能和作用,并能正确选择刀具,合理确定切削用量,能运用所学的知识完成零件的编程与加工。

1. 外径、内径粗车循环指令 G71

用于多次 Z 轴向走刀进行圆钢坯料的粗加工,为精加工做好准备。

1) 编程格式

G71　U($\triangle$d)　R(e);

G71　P(ns)　Q(nf)　U($\triangle$u)　W($\triangle$w)　F(f)　S(s)　T(t);

其中: $\triangle d$ 表示背吃刀量,为半径值;

　　e 表示退刀量;

　　ns 表示精加工轮廓程序段中开始程序段的段号;

　　nf 表示精加工轮廓程序段中结束程序段的段号;

　　$\triangle u$ 表示 X 轴向精加工余量;

　　$\triangle w$ 表示 Z 轴向精加工余量;

　　f、s、t 表示 F、S、T 代码。

G71 为纵向切削复合循环,使用于纵向粗车量较多的情况,内、外径加工皆可使用,G71 指令的循环加工路线如图 3-5-2(a)所示。

CNC 装置首先根据用户编写的精加工轮廓,在预留出 X、Z 向的精加工余量 $\triangle u$、$\triangle w$ 后,计算出粗加工实际轮廓的各个坐标值,刀具按层切法将加工余量去除,首先刀具 X 向进刀 $\triangle d$, Z 向切削后按 e 值 45 度方向退刀,如此循环直至粗加工余量切除。此时工件斜面和圆弧部分形成台阶状表面,然后再按精加工轮廓光整表面,最终形成工件在 X、Z 向留有 $\triangle u$、$\triangle w$ 的精加工余量。

2) 编程说明

(1) 零件轮廓沿 X、Z 方向必须单调递增或递减。精加工轨迹第一句必须是用 G00 或 G01 沿 X 方向进刀,进至精加工轨迹开始点,然后开始描述精加工轮廓轨迹,走刀路线如图 3-5-2 所示。

(2) 起刀点的确定:当车削外形时,起刀点设在离外表面有一定距离的地方,当车削内形时,起刀点设在离内表面有一定距离的地方。

(3) 精车预留量 Δu、Δw 的符号:当精加工轨迹 X 方向是递增时,Δu 为正,相反为负;

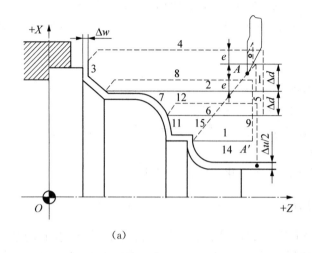

(a)

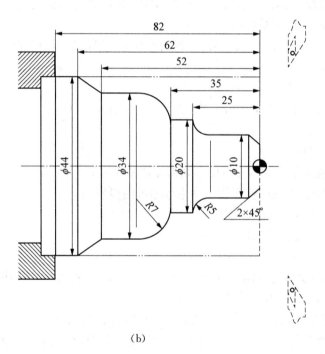

(b)

图 3-5-2 内、外径粗切复合循环 G71

如果 Z 坐标单调递减 Δw 为正,递增时为负。

(4) 在 P、Q 之间的程序段不能调用子程序。

(5) 在车削循环期间,刀尖半径补偿功能无效。但如果假象刀尖编号为 0 或 9,则刀尖半径补偿值会加到 U 或 W 中。

(6) 在 P 或 Q 之间程序段中指定的 G96 和 G97 功能及 F、S、T 无效,而在 G71 或之前程序段指定的这些功能有效。粗加工的进给率由 G71 指定,程序中的 F 值无效。

3) 编程举例

用 G71 对图 3-5-2(b)的图例进行编程。

已知起始点(46,2),切削深度为 1.5 mm,退刀量为 1 mm,X 方向精加工余量为 0.4 mm,Z 方向精加工余量为 0.1 mm,设加工工件精加工程序段开始段号为 N60,结束程序段段号为 N140,使用 G71 编写的参考程序如下:

O3333;	主程序名
N10　G54;	选定坐标系 G54
N20　T0101　S400　M03;	主轴以 400 r/min,选择 1 号刀具
N30　G01　X46　Z2　F100;	刀具到循环起点
N40　G71　U1.5　R1;	粗加工切削深度 1.5 mm,退刀量 1 mm
N50　G71　P60　Q140　U0.4　W0.1　F100;	精加工余量:U0.4 mm W0.1 mm
N60　GOO　X2;	精加工轮廓起始行,到倒角延长线
N70　G01　X10　Z−2;	精加工 2×45° 倒角
N80　Z−20;	精加工 ϕ10 外圆
N90　G02　U10　W−5　R5;	精加工 R5 圆弧
N100　G01　W−10;	精加工 ϕ20 外圆
N110　G03　U14　W−7　R7;	精加工 R7 圆弧
N120　G01　Z−52;	精加工 ϕ34 外圆
N130　U10　W−10;	精加工外圆锥
N140　W−20;	精加工 ϕ44 外圆,精加工轮廓结束行
N150　X50;	退出已加工面
N160　G00　X100　Z20;	回对刀点
N170　M30;	程序结束

2. 成形粗车循环指令 G73

1) 编程格式

G73　U(i)　W(k)　R(d);

G73　P(ns)　Q(nf)　U(△u)　W(△w)　F(f)　S(s)　T(t);

其中:i 表示 X 轴向总退刀量(半径值);

　　　　k 表示 Z 轴向总退刀量;

　　　　d 表示重复加工次数;

　　　　ns 表示精加工轮廓程序段中开始程序段的段号;

　　　　nf 表示精加工轮廓程序段中结束程序段的段号;

　　　　$△u$ 表示 X 轴向精加工余量;

　　　　$△w$ 表示 Z 轴向精加工余量;

　　　　f、s、t 表示 F、S、T 代码。

G73 指令控制刀具沿着与被加工轮廓等距偏置的封闭轮廓,由外向内逐层切削进给,最终切削形成预留了精加工余量后的粗加工轮廓形状。图 3-5-3 为 G73 指令走刀路线。

2) 编程说明

(1) 执行 G73 指令时,每一刀切削循环的轨迹都相同,只是位置不同。每加工一刀,都把轮廓轨迹向着工件方向偏移一个距离,移动距离的大小与参数 Δi、Δk 和 d 的数值有关。粗加工最后一刀留下径向、轴向的精加工余量 Δu、Δw。循环结束,刀具返回到起刀点。因

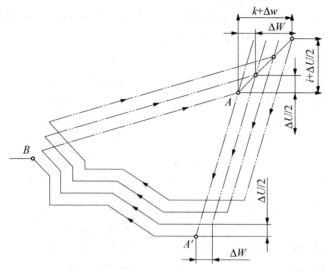

图 3-5-3　G73 指令走刀路线

为 G73 是按照轮廓多次偏置的位置进行加工,所以 G73 对于铸件、锻件等毛坯轮廓与零件轮廓基本接近的情况非常适用,效率很高。而对于等径的棒料毛坯,G73 指令反而会增加刀具的切削加工空行程。

(2) 因为 G73 指令让刀具沿着轮廓的偏置轨迹循环加工,所以 G73 对零件尺寸的单调性没有要求。

(3) 背吃刀量分别通过 X 方向总退刀量和 Z 方向总退刀量除以循环次数 d 求得。设定的总退刀量反应的是刀具在该轴方向总的切削深度。在 X 方向上,$\Delta i=$(毛坯直径最大值－零件直径的最小值)/2,每刀径向切深(单边值)为 a_p,粗加工次数为 d,在数值上 $d=\Delta i/a_p$;而在 Z 方向上,如果所加工的毛坯为棒料,端面已经切削成为精加工表面,为了够保证零件端面轮廓的表面质量,一般 Z 向的总退刀量常设定为 0。

(4) 使用仿形粗车复合循环指令,首先要确定循环起点 A、切削始点 A' 和切削终点 B 的坐标位置。循环起点 A 应设定在毛坯 X、Z 两个方向上最大轮廓的外侧,保证不和循环走刀轨迹干涉。

3) 编程举例

加工如图 3-5-4 所示的零件,使用 G73 实例编写程序。

已知起始点(140,40),切削次数为 3 次,X 方向精加工余量为 1 mm,Z 方向精加工余量为 0.5 mm,设加工工件循环程序段开始段号为 N70,结束程序段段号为 N130,使用 G73 编写的参考程序如下:

O0002;	主程序名
N01　G50　X200　Z200　T0101;	设定坐标系,选择 1 号刀 1 号刀补
N20　M03　S2000;	主轴正转,转速 2 000 r/min
N30　G00　X140　Z40　M08;	刀具刀循环起点,切削液打开
N40　G96　S150;	恒线速加工
N50　G73　U9.5　W9.5　R3;	X、Z 向切削深度 9.5 mm,循环 3 次

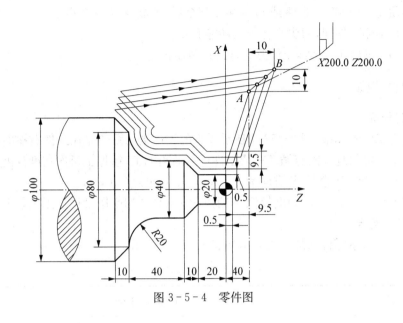

图 3-5-4 零件图

N60 G73 P70 Q130 U1 W0.5 F0.3;	精加工余量:U1 mm W0.5 mm
N70 G00 X20 Z0;	精加工轮廓起始行,到轮廓延长线
N80 G01 Z—20 F0.15;	精加工 ϕ20 外圆
N90 X40 Z—30;	精加工圆锥
N100 Z—50;	精加工 ϕ40 外圆
N110 G02 X80 Z—70 R20;	精加工 R20 圆弧
N120 G01 X100 Z—80;	精加工圆锥
N130 X105;	退刀,精加工循环结束
N140 G00 X200 Z200;	回对刀点
N150 M30;	程序结束

3. 精加工循环指令 G70

1) 编程格式

G70 P____(ns)____ Q____(nf)____;

其中:ns 表示循环开始顺序号;

nf 表示循环终止顺序号。

精加工的轨迹由 ns 和 nf 之间的程序指定。

G71、G72、G73 指令粗车结束后,均要配以 G70 精车循环指令进行零件的精加工,切除粗加工留下的余量。

2) 编程说明

(1) G70 指令用于控制刀具精加工工件轮廓,其走刀路线即为 ns 与 nf 程序段之间的编程轨迹。

(2) 在 G71、G72、G73 程序段中规定的 F、S、T 功能对于 G70 无效;G70 只执行 ns 和 nf 程序段之间的 F、S 和 T。另外也可以在 G70 程序段中直接加上精加工的 F、S、T。

(3) 在 ns 至 nf 间精车的程序段中,不能调用子程序。

（4）必须先执行 G71、G72 或 G73 粗车指令后，才能执行 G70 指令。

（5）在车削循环期间，刀尖半径补偿功能有效。

（6）当 G70 循环加工结束时，刀具返回到循环起点。

3.5.4 项目实施

1. 工艺分析

（1）确定工件坐标系，图 3－5－1 所示零件的工件坐标系建立在工件右端面中心处。

（2）利用系统的复合固定循环完成工件任务的粗加工，粗加工每次切削深度为 1.5 mm，退刀量为 1 mm，精加工余量 X 方向为 0.5 mm，Z 方向为 0.1 mm。

（3）加工材料为铝合金，硬度较低，切削力较小，具体切削用量见加工工艺卡。

2. 加工工艺卡

图 3－5－1 所示零件的加工工艺卡如表 3－5－1 所示。

表 3－5－1　加工工艺卡

加工工序		刀具与切削参数					
序号	加工内容	刀具规格			主轴转速（r/min）	进给率（mm/r）	刀具补偿
		刀号	刀具名称	材料			
1	外圆加工	T1	外圆车刀	硬质合金	500	0.3	01
2	外圆加工	T2	外圆车刀	硬质合金	1 200	0.1	02
3	工件切断	T3	3 mm 切断刀	硬质合金	300	0.08	03

3. 加工参考程序

图 3－5－1 所示零件的加工参考程序如表 3－5－2 所示。

表 3－5－2　加工参考程序

程序段号	程序内容	程序注释
N10	O0001;	程序名
N20	G97　G99　M03　S500　F0.3;	转速 500 r/min，进给为 0.3 mm/r
N30	T0101;	1 号刀具 1 号刀补
N40	G00　X155.　Z0;	快速定位至点（155，0）
N50	G01　X0;	加工端面
N60	G00　X155.;	X 方向快速定位至 X155
N70	G71　U3　R1;	G71 复合循环指令
N80	G71　P90　Q150　U0.5　W0.1　F0.3;	X 向精加工余量为 0.5 mm
N90	G01　X10.;	精加工程序段起始段
N100	Z－40.;	加工 40 的外圆

(续表)

程序段号	程序内容	程序注释
N110	X50.;	X方向加工
N120	X100. W−30.;	加工圆锥
N130	W−20.;	加工100的外圆
N140	X142. W−20.;	加工圆锥
N150	Z−170.;	精加工程序段结束段
N160	T0202;	换刀
N170	S1200 F0.1;	转速1 200 r/min,进给为0.1 mm/r
N180	G70 P90 Q150;	精加工该零件
N190	G00 X100 Z100;	退刀
N200	T0303;	换刀
N210	S300 F0.08;	转速300 r/min,进给为0.08 mm
N220	G00 X155. Z−170.;	快速定位至点(155,−170)
N230	G01 X0;	切断
N240	X155.;	X方向退刀
N260	G00 X100. Z100.;	退刀
N270	M05;	主轴停转
N280	M30;	程序结束

4. 检测

检测内容与评分细则如表3-5-3所示。

表3-5-3 检测内容与评分

工件编号				总得分		
项目与权重	序号	技术要求	配分	评分标准	检测结果	得分
工件加工(50%)	1	$\phi40^{0}_{-0.05}$	6	超0.01 mm扣2分		
	2	$\phi50^{0}_{-0.08}$	8	超0.01 mm扣2分		
	3	$\phi100^{0}_{-0.1}$	8	超0.01 mm扣2分		
	4	$\phi142^{0}_{-0.1}$	8	超0.01 mm扣2分		
	5	40	4	超0.05 mm扣2分		
	6	50	4	超0.05 mm扣2分		
	7	20	4	超0.05 mm扣2分		
	8	20	4	不符无分		
	9	170	4	不符无分		

（续表）

工件编号				总得分			
项目与权重	序号	技术要求	配分	评分标准	检测结果	得分
程序与加工工艺（30%）	10	程序格式规范	10	每错一处扣2分		
	11	程序正确、完整	10	每错一处扣2分		
	12	切削用量正确	5	不合理每处扣3分		
	13	换刀点、起点正确	5	不正确全扣		
机床操作（10%）	14	机床参数设定正确	5	不正确全扣		
	15	机床操作不出错	5	每错一次扣3分		
文明生产（10%）	16	安全操作	4	不合格全扣		
	17	机床维护与保养	3	不合格全扣		
	18	工作场所整理	3	不合格全扣		

3.5.5 项目实训

编写图 3-5-5 零件的加工程序。工件坐标系原点建在工件右端面中心。毛坯尺寸 $\phi50×110$ mm，材料为铝合金，从右端面轴向走刀切削，粗加工每次切深为 1 mm，进给量 F 为 0.2 mm/r，精加工余量 X 方向为 0.5 mm，Z 方向为 0.1 mm，使用复合循环指令编写零件加工的加工程序。

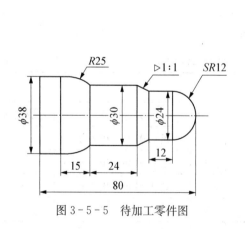

图 3-5-5 待加工零件图

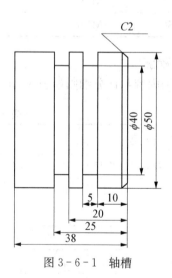

图 3-6-1 轴槽

3.6 项目六 槽类零件加工

3.6.1 项目导入

加工如图 3-6-1 所示零件，材料为铝合金，毛坯尺寸 $\phi55×100$ mm，材料为铝合金，编程原点建在右端面中心,从右端面轴向走刀切削,编写程序加工该零件。

3.6.2　项目目标

1. 知识目标

(1) 掌握零件数控车削工艺。

(2) 掌握使用 G74、G75 指令的手工编程方法和应用场合。

2. 技能目标

可以使用循环指令简化程序加工槽类零件。

3.6.3　项目分析

选用 FANUC 0i TB 系统,通过本项目的学习,使学生掌握槽的加工方法,并能正确选择刀具,合理确定切削用量,能运用所学的知识完成零件的编程与加工。

1. 切槽加工工艺

1) 刀具的选择及刀位点的确定

切槽及切断选用切槽刀,切削刀有两个刀尖及切削中心处的三个刀位点。

2) 槽加工时的注意事项

(1) 在整个加工程序中应采用同一个刀位点。

(2) 合理安排切削后的退刀路线,避免刀具与零件碰撞。

(3) 刀具安装时刀刃与工件中心要等高,主切削刃要与轴心线平行。

(4) 两副偏角不能太小,要防止与槽壁发生摩擦。

(5) 切槽时,合理选择切削速度和进给量。

(6) 切槽时选用合适的切削液并充分冷却。

3) 槽的测量

(1) 外沟槽的测量一般可采用游标卡尺和外径千分尺。

(2) 内沟槽的测量采用内径千分尺。

4) 刀具

车槽刀(切断刀)种类及刃磨要求,如表 3-6-1 所示。

表 3-6-1　车槽刀(切断刀)种类及刃磨要求

种类	刃磨要求与注意点
高速钢车槽刀(切断刀)	1. 主切削刃保证平直。 2. 两副后角和两副偏角应保证对称,角度不宜太大,以避免车槽刀(切断刀)刀头强度过分降低。 3. 刃磨时应随时冷却,以防退火。刃磨时不可用力过猛,以防打滑伤手。 4. 刃磨主后面时,保证主切削刃平直,刃磨两侧副后面时,保证两副后角和两副偏角对称。 5. 刃磨车槽刀(切断刀)副后面、主后面时,应刃磨至刀刃边缘,不能在刃磨面上靠近刀刃出留下棱台。 6. 为保护车槽刀(切断刀)刀尖,可在两刀尖处各磨出一个圆弧过渡刃。

（续表）

种类	刃磨要求与注意点
硬质合金车槽刀（切断刀）	1. 主切削刃保证平直。 2. 两副后角和两副偏角应保证对称,角度不宜太大,以避免车槽刀（切断刀）刀头强度过分降低。 3. 硬质合金刀刃磨时不能用水冷却,以防刀片碎裂。不能用力过猛,以防刀片烧结处产生高热脱炉,使刀片碎裂。 4. 刃磨主后面时,保证主切削刃平直,刃磨两侧副后面时,保证两副后角和两副偏角对称。 5. 刃磨车槽刀（切断刀）副后面、主后面时,应刃磨至刀刃边缘,不能在刃磨面上靠近刀刃出留下棱台。 6. 为保护车槽刀（切断刀）刀尖,可在两刀尖处各磨出一个圆弧过渡刃。

2. 指令介绍

1) 端面槽加工指令 G74

（1）编程格式：

G74 R(e)；

G74 Z(W) Q(△k)F；

其中：e 表示退刀量；

　　　$Z(W)$表示钻削深度；

　　　$\triangle k$表示每次钻削长度（不加符号）。

走刀路线如图 3-6-2 所示,端面槽加工循环功能适合加工端面槽或在回转体端面上进行深孔加工、镗孔加工。Z 向切入一定深度,再反向回退一定的距离,以实现断屑。若指定 X 轴地址及 X 向移动量,就能实现镗孔加工；否则即为端面的槽加工。

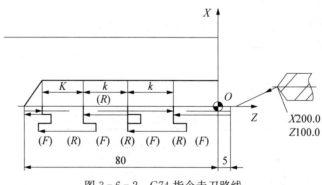

图 3-6-2 G74 指令走刀路线

（2）编程说明：当 X(U) 和 P 都省略或者设为 0 时,G74 只执行 Z 向钻孔功能。

（3）编程举例。

采用深孔钻削循环功能加工如图 3-6-2 所示深孔,试编写加工程序。

其中：$e = 1$,$\triangle k = 20$,$F = 0.1$。

N10　G50　X200　Z100　T0202；　　　　设定工件坐标系,选择刀具

N20　M03　S600；　　　　　　　　　　主轴正转,转速 600 r/min

N30　G00　X0　Z1；　　　　　　　快速定位至循环起点

N40　G74　R1；　　　　　　　　　加工端面槽

N50　G74　Z－80　Q20　F0.1；　　加工端面槽

N60　G00　X200　Z100；　　　　　退刀

N70　M30；　　　　　　　　　　　程序结束

2）径向槽加工指令 G75

（1）编程格式：

G75　R(e)；

G75　X(U)　P(△i)　F ___；

其中：e 表示退刀量；

　　　X(U)表示槽深；

　　　△i 表示每次循环切削量。

G75 指令的走刀路径为刀具到达起刀点的位置后，进行径向进刀切削，前进一个 Δk 值后，为利于断屑和排屑，刀具后退一个 e 值，依此循环下去，直到车削到给定的径向尺寸。刀具退出时，为避免刀尖碰到刚车削好的已加工表面，刀具要沿轴向进给的反方向回撤一个 Δd 值。

（2）编程说明：

① 在 MDI 状态下可以执行该指令。

② 该指令不支持地址符 P 或 Q 用小数点输入。

③ 执行刀具补偿指令对该指令无效。

④ 切槽过程中，刀具、工件都受较大的单向切削力，容易在切削过程中产生振动。因此，切槽的进给量 F 取值应略小。

（3）编程举例

试编写进行如图 3－6－3 所示零件切断加工的程序。

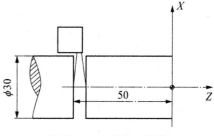

图 3－6－3　槽加工零件

其中：e＝1，Δi＝5，F＝0.1。

G50　X200　Z100　T0202；　　　设定工件坐标系，选择刀具

M03　S600；　　　　　　　　　　主轴正转，转速 600 r/min

G00　X35　Z－50；　　　　　　　快速定位至循环起点

G75　R1；　　　　　　　　　　　加工径向槽

G75　X－1　P5　F0.1；　　　　　加工径向槽

G00　X200　Z100；　　　　　　　退刀

M30；　　　　　　　　　　　　　程序结束

3.6.4　项目实施

1. 工艺分析

（1）如图 3－6－1 所示零件加工坐标系建立在工件右端面中心位置。

（2）按照先近后远的加工路线原则，依次粗、精加工工件外圆，从工件右端至左端加工各槽，完成零件的加工任务。

（3）零件材料为铝合金，硬度较低。

2. 加工工艺卡

图 3 - 6 - 1 所示零件的加工工艺卡如表 3 - 6 - 2 所示。

表 3 - 6 - 2　加工工艺卡

加工工序		刀具与切削参数					
序号	加工内容	刀具规格			主轴转速（r/min）	进给率（mm/r）	刀具补偿
		刀号	刀具名称	材料			
1	加工外圆	T1	外圆车刀	硬质合金	800	0.3	01
2	加工外面槽	T2	5 mm 外切槽刀	硬质合金	400	0.1	02

3. 加工参考程序

图 3 - 6 - 1 所示零件的加工参考程序如表 3 - 6 - 3 所示。

表 3 - 6 - 3　加工参考程序

程序段号	程序内容	程序注释
N10	O0001;	程序名
N20	G97　G99　M03　S800　F0.3;	转速 800 r/min，进给为 0.3 mm/r
N30	T0101;	1 号刀具 1 号刀补
N40	G00　X52.0　Z0.0;	快速定位至点（52，0）
N50	G01　X0.0　F50;	加工端面
N60	G00　X50.5　Z2.0;	快速退刀至点（50，0）
N70	G01　Z－45.0　F100;	加工外圆面
N80	G00　X52.0　Z2.0;	快速退刀至点（52，0）
N90	G00　X50.0;	加工外圆面
N100	G01　Z－45　F80;	加工外圆面
N110	X53;	X 方向退刀
N120	G00　X100　Z100;	退刀
N130	T0202　S300;	换刀
N140	G00　X53.0　Z－15.0;	快速定位至循环起点
N150	G75　R1;	槽加工循环指令，退刀量 1 mm
N160	G75　X40　P5　F0.1;	径向槽直径 40 mm，每次切深 5 mm
N170	G00　Z－25;	Z 方向快速定位至 Z－25
N180	G75　R1;	槽加工循环指令，退刀量 1 mm
N190	G75　X40　P5　F0.1;	径向槽直径 40 mm，每次切深 5 mm
N200	G00　Z－43;	Z 方向快速定位至 Z－43

（续表）

程序段号	程序内容	程序注释
N210	G01　X0.0　F30.0；	切断
N220	G00　X100.　Z100.；	退刀
N230	M05；	主轴停转
N240	M30；	程序结束

4. 检测

检测内容与评分细则如表 3-6-4 所示。

表 3-6-4　检测内容与评分

工件编号				总得分			
项目与权重	序号	技术要求	配分	评分标准	检测结果	得分	
工件加工（50%）	1	$\phi 50^{0}_{-0.05}$	15	超 0.01 mm 扣 2 分			
	2	$\phi 40^{0}_{-0.08}$	15	超 0.01 mm 扣 2 分			
	3	槽宽尺寸正确	10	超 0.05 mm 扣 2 分			
	4	同轴度 0.03	5	超 0.05 mm 扣 2 分			
	5	一般尺寸	5	不符无分			
程序与加工工艺（30%）	10	程序格式规范	10	每错一处扣 2 分			
	11	程序正确、完整	10	每错一处扣 2 分			
	12	切削用量正确	5	不合理每处扣 3 分			
	13	换刀点、起点正确	5	不正确全扣			
机床操作（10%）	14	机床参数设定正确	5	不正确全扣			
	15	机床操作不出错	5	每错一次扣 3 分			
文明生产（10%）	16	安全操作	4	不合格全扣			
	17	机床维护与保养	3	不合格全扣			
	18	工作场所整理	3	不合格全扣			

3.6.5　项目实训

加工如图 3-6-4 所示零件，材料为铝合金，毛坯尺寸 $\phi50\times100$ mm，材料为铝合金，编程原点建在右端面中心，从右端面轴向走刀切削，编写程序加工该零件。

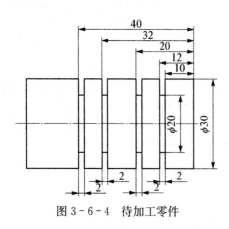

图 3 - 6 - 4 待加工零件

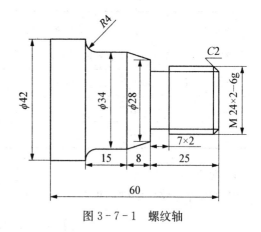

图 3 - 7 - 1 螺纹轴

3.7 项目七 螺纹类零件加工

3.7.1 项目导入

加工如图 3 - 7 - 1 所示零件,毛坯尺寸 $\phi 45 \times 100$ mm,材料为铝合金,编程原点在右端面中心。

3.7.2 项目目标

1. 知识目标

(1)掌握螺纹刀具的选用。

(2)掌握螺纹指令代码的功能和应用。

(3)掌握螺纹类零件的加工与检测。

2. 技能目标

可以使用循环指令简化程序加工螺纹类零件。

3.7.3 项目分析

选用 FANUC 0i TB 系统,通过本项目的学习,使学生掌握螺纹指令代码的功能和作用,并能正确选择刀具,合理确定切削用量,能运用所学的知识完成零件的编程与加工。

1. 螺纹参数

(1)**螺纹牙型**:指在通过螺纹轴线剖开的断面图上的轮廓形状,常见的有三角形、梯形和锯齿形。

(2)**螺纹直径**:大径、小径和中径。

大径 $D_{大}$:与外螺纹牙顶或内螺纹牙底相切的假想圆柱面的直径。通常所说的螺纹的公称直径是指螺纹大径的基本尺寸。

小径 $D_{小}$:与外螺纹牙底内螺纹牙顶切的假想圆柱面的直径。

中径 D_p：一个假想圆柱其母线通过牙型上沟槽和凸起宽度相等的地方，其直径就是中径。

（3）线数：形成螺纹时螺旋线的条数。

（4）导程和螺距。

导程 S：同一螺旋线上的相邻两牙在中径线上对应两点间的轴向距离。

螺距 P：相邻两牙在中径线上对应两点间的轴向距离。单线螺纹中螺纹等于导程。

（5）螺纹的标注：特征代号公称直径×螺距旋向－公差带代号－旋合长度代号。

例如，M20×1.5LH－5g6g－s，含义：普通螺纹，公称直径 20 mm，细牙，左旋，中径公差带代号 5g，顶径公差带代号 6g，短旋合长度。

说明：粗牙螺纹不标螺距，右旋不注旋向，中径和顶径公差带相同时只标一次，旋合长度分长（L）、短（S）和中等（N），中等可省略标注。

粗牙螺纹的螺距：6～14（间隔 2）从 1 mm 依次递增 0.25 mm；16～24（间隔 4）从 2 mm 依次递增 0.5 mm；24～48（间隔 6）从 3 mm 依次递增 0.5 mm。

2. 加工螺纹的相关尺寸计算

1）加工螺纹大径 $D_大$

$$D_大 = D_{公称} - 0.1P$$

2）加工螺纹小径

$$D_小 = D_{公称} - 1.3P$$

3）螺纹牙型深度（直径值）

$$t = 1.3P$$

3. 单行程螺纹切削指令 G32

1）编程格式

G32　X(U)____　Z(W)____　F____；

其中：X____ Z____表示螺纹切削终点的坐标值；

　　U____ W____表示相对切削起点的坐标增量；

　　F 表示螺纹的导程，半径制定。

2）程序说明

在使用 G32 指令加工圆柱螺纹，锥螺纹和端面螺纹时，螺纹车削为成型车削且切削进给量较大，刀具强度较差，一般要求分数次进给加工，表 3-7-1 所示为常用螺纹切削的进给次数和吃刀量。

表 3-7-1　常用螺纹切削的进给次数与吃刀量

米 制 螺 纹							
螺　距	1.0	1.5	2	2.5	3	3.5	4
牙深（半径量）	0.649	0.974	1.299	1.624	1.949	2.273	2.598

米制螺纹							
背吃刀量和切削次数（直径量）	1次	0.7	0.8	0.9	1.0	1.2	1.5	1.5
	2次	0.4	0.6	0.6	0.7	0.7	0.7	0.8
	3次	0.2	0.4	0.6	0.6	0.6	0.6	0.6
	4次		0.16	0.4	0.4	0.4	0.6	0.6
	5次			0.1	0.4	0.4	0.4	0.4
	6次				0.15	0.4	0.4	0.4
	7次					0.2	0.2	0.4
	8次						0.15	0.3
	9次							0.2

英制螺纹							
牙/in	24	18	16	14	12	10	8
牙深(半径量)	0.678	0.904	1.016	1.162	1.355	1.626	2.033
背吃刀量和切削次数（直径量）　1次	0.8	0.8	0.8	0.8	0.9	1.0	1.2
2次	0.4	0.6	0.6	0.6	0.6	0.7	0.7
3次	0.16	0.3	0.5	0.5	0.6	0.6	0.6
4次		0.11	0.14	0.3	0.4	0.4	0.5
5次				0.13	0.21	0.4	0.5
6次						0.16	0.4
7次							0.17

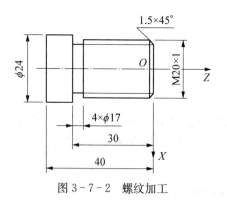

图 3-7-2 螺纹加工

3) 编程举例

如图 3-7-2 所示零件，刀具选用，T01：外圆正偏刀；T02：4 mm 宽割刀；T03：60°螺纹刀。切削用量选用：粗加工，$S=500$ r/min，$F=100$ mm/min，切削深度<4 mm；精加工，$S=800$ r/min，$F=80$ mm/min，切削深度=0.2 mm（单边）；切槽：$S=300$ r/min，$F=50$ mm/min；车削螺纹：$S=300$ r/min。

因图示螺距为 1 mm，参照表 3-7-1，确定切削次数为 3 次，每次的背吃刀量分别为 0.6 mm、0.4 mm、0.1 mm。

螺纹尺寸计算，螺纹的外圆柱直径：$D_大=D_{公称}-0.1P=20-0.1\times1=19.9$；螺纹小径：$D_小=D_{公称}-1.3P=20-1.3\times1=18.7$。参考程序如下：

O5555;	程序名
N10　G54;	设定工件坐系
N20　S500　M03　T0101;	主轴正转转速为 500 r/min，选择 1 号刀

N30　G00　X20.4　Z2；　　　　快速移动点定位至外圆粗加工起始位置

N40　G01　Z－30　F100；　　　粗车螺纹外圆

N50　X24；　　　　　　　　　　粗车台阶

N60　Z－45；　　　　　　　　　粗车 φ24 外圆加长至 45 mm

N70　X26；　　　　　　　　　　退出毛坯外

N80　G00　X30　Z2；　　　　　快速移动点定位，作精加工准备

N90　S800　M03；　　　　　　　主轴正转转速为 800 r/min

N100　X0；　　　　　　　　　　快速移动点定位，精加工起始点

N110　G01　Z0　F80；　　　　　进至右端中心

N120　X16.8；　　　　　　　　　精车端面

N130　X19.8　Z－1.5；　　　　倒角

N140　Z－30；　　　　　　　　　精车螺纹外圆

N150　X24；　　　　　　　　　　精车台阶

N160　Z－45；　　　　　　　　　精车 φ24 外圆加长至 45 mm

N180　X26；　　　　　　　　　　退出毛坯外

N190　G00　X50　Z50；　　　　快速点定位至换刀点

N200　T0100；　　　　　　　　　取消刀补

N210　T0202　S300　M03；　　换 2 号刀，主轴正转转速为 300 r/min

N220　G00　Z－30；　　　　　　快速移动点定位，先定 Z 方向

N230　X25；　　　　　　　　　　再定 X 方向

N240　G01　X17　F50；　　　　切槽

N250　G04　P2000；　　　　　　槽底暂停 2s

N260　G01　X26；　　　　　　　退出槽底

N270　G00　X50；　　　　　　　快速移动点定位，先退 X 方向

N280　Z50；　　　　　　　　　　再退 Z 方向

N290　T0200；　　　　　　　　　取消刀补

N300　T0303；　　　　　　　　　换 3 号刀

N310　G00　X19.2　Z6；　　　快速移动点定位，作螺纹加工准备

N320　G32　Z－28　F1；　　　第一刀车螺纹

N330　G00　X30；　　　　　　　快速移动点定位，先退 X 方向

N340　Z6；　　　　　　　　　　再退 Z 方向

N350　X18.8；　　　　　　　　　快速移动点定位，准备第二刀

N360　G32　Z－28　F1；　　　第二刀车螺纹

N370　G00　X30；　　　　　　　快速移动点定位，先退 X 方向

N380　Z6；　　　　　　　　　　再退 Z 方向

N390　X18.7；　　　　　　　　　快速移动点定位，准备第三刀

N400　G32　Z－28　F1；　　　第三刀车螺纹

N410　G00　X50；　　　　　　　快速移动点定位，先退 X 方向

N420　Z50；　　　　　　　　　　再退 Z 方向

N430	T0300;	取消刀补
N440	M30;	程序结束

4. 简单固定循环螺纹加工指令 G92

1) 圆柱螺纹切削循环指令

（1）编程格式：

G92　X(U)＿＿＿　Z(W)＿＿＿　F＿＿＿；

其中：X(U)、Z(W)表示螺纹终点坐标；

　　　F 表示螺纹导程。

（2）编程说明：该指令执行如图 3-7-3 所示的 A→B→C→D→A 的轨迹动作。

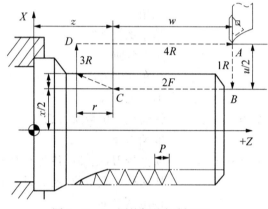

图 3-7-3　圆柱螺纹切削 G92

2) 锥螺纹切削循环指令

（1）编程格式：

G92　X(U)＿＿＿　Z(W)＿＿＿　R＿＿＿　F＿＿＿；

其中：X(U)、Z(W)表示螺纹终点坐标；

　　　R 表示螺纹切削起点与螺纹终点半径差；

　　　F 表示螺纹导程。

（2）编程说明：该指令执行如图 3-7-4 所示的 A→B→C→D→A 的轨迹动作。

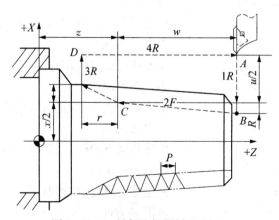

图 3-7-4　锥螺纹切削循环 G92

（3）编程举例。

用 G92 指令加工如图 3-7-2 所示的圆柱螺纹。

……

N300	T0303　S300　M03；	主轴正转,转速 300 r/min,选择 T03 刀具
N310	G00　X30　Z6；	达到循环起点
N320	G92　X19.2　Z-28　F1；	第一次车削螺纹
N330	X18.8；	第一次车削螺纹
N340	X18.7；	第一次车削螺纹
N350	G00　X50　Z50；	退刀

……

5. 螺纹切削复合循环指令

1）编程格式

G76　P(m)　(r)　(a)　Q(Δd$_{min}$)　R(d)；

G76　X(U)　Z(W)　R(i)　P(k)　Q(Δd)　F(L)；

其中:X(U)、Z(W)表示终点坐标,增量编程时要注意正负号;

m 表示精加工次数(1~99),为模态值;

r 表示退尾倒角量,数值为 0.01~9.9L,为模态值;

a 表示刀尖角,可以选择 80°,60°,55°,30°,29°,0°等 6 种,其角度数值用 2 位数指定;m,r,a 一次指定,如 $m=2$,$r=1.5$,$a=60°$ 时,可写成 P021560;

Δd$_{min}$表示最小切削深度(半径值);

d 表示精加工余量;

i 表示螺纹两端的半径差;螺纹切削起点与螺纹切削终点的半径差。加工圆柱螺纹时 i 为 0,加工圆锥螺纹时,当 X(U)向切削起点坐标小于终点坐标时 i 为负,反之为正;

k 表示螺纹的螺牙高度(半径值);

Δd 表示第一刀深度(半径值);

L 表示螺纹导程。

编程轨迹如图 3-7-5 所示。

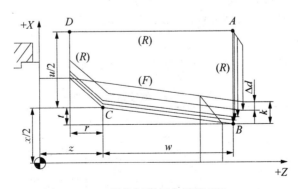

图 3-7-5　螺纹切削复合循环 G76

2）编程举例

编程加工如图 3-7-6 所示零件的螺纹。

螺纹牙型深度(直径值):

$$t = 1.3P = 1.3 \times 1.25 = 1.625(\text{mm})$$

$$D_{大} = D_{公称} - 0.1P = 12 - 0.1 \times 1.25 = 12 - 0.125 = 11.875(\text{mm})$$

$$D_{小} = D_{公称} - 1.3P = 12 - 1.3 \times 1.25 = 12 - 1.625 = 10.375(\text{mm})$$

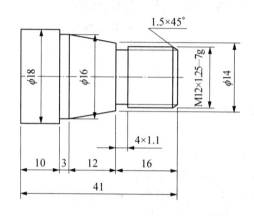

......

N200　T0303　S300　M03;	选择 T03 刀具,主轴正转,转速 300 r/min
N210　G00　X15　Z6;	到螺纹加工循环起点
N220　G76　P02　1.560　Q0.1　R0.1;	加工螺纹
N230　G76　X10.375　Z-14　R0　P0.75　Q0.3　F1.25;	
N240　G00　X100　Z20　T0300;	退刀,取消刀补

3.7.4　项目实施

1. 工艺分析

(1) 如图 3-7-1 所示螺纹轴零件加工坐标系建立在工件右端面中心位置。

(2) 按照先近后远的加工路线原则,依次粗精加工工件外圆,再从工件右端面至左端面加工各槽,最后加工螺纹,完成零件的加工任务。

(3) 加工材料为铝合金,硬度较低,切削力较小。

2. 加工工艺卡

图 3-7-1 所示螺纹轴加工工艺卡如表 3-7-2 所示。

表 3-7-2　螺纹轴加工工艺卡

加工工序		刀具与切削参数					
序号	加工内容	刀具规格			主轴转速(r/min)	进给率(mm/r)	刀具补偿
		刀号	刀具名称	材料			
1	外圆加工	T1	外圆车刀	硬质合金	500	0.3	01
2	工件切槽	T2	切槽刀	高速钢	300	0.08	02
3	车削螺纹	T3	螺纹车刀	硬质合金	600	0.08	03

3. 加工参考程序

图 3-7-1 所示螺纹轴加工参考程序如表 3-7-3 所示。

表 3-7-3　加工参考程序

程序段号	程序内容	程序注释
N10	O0001;	程序名
N20	G97 G99 M03 S500 F0.3;	转速 500 r/min,进给为 0.3 mm/r
N30	T0101;	1 号刀具 1 号刀补
N40	G00 X55 Z0;	快速定位至点(55,0)
N50	G01 X0;	加工端面
N60	G00 X55. Z2;	快速退刀至点(55,2)
N70	G73 U13 W0 R7;	G73 复合循环指令
N80	G73 P90 Q160 U0.5 W0.1;	X 向精加工余量为 0.5 mm
N90	G00 X20. Z2.;	精加工程序段起始段
N100	G01 X24. Z-2.;	加工倒角
N110	Z-25.;	加工 $\phi24$ 外圆
N120	X28.;	X 方向加工
N130	X34. W-8.;	加工圆锥
N140	W-11.;	加工 $\phi34$ 外圆
N150	G02 X42. W-4. R4.;	加工 $R4$ 的圆弧
N160	G01 Z-60.;	加工 $\phi42$ 的外圆
N180	S800 F0.08;	转速 800 r/min,进给为 0.08 mm/r
N190	G70 P90 Q160;	精加工该零件
N200	G00 X100 Z100;	退刀
N210	T0202 S300;	换刀
N220	G00 X30. Z-25.;	快速移至槽的位置
N230	G01 X20. F0.08;	加工槽
N240	G04 X1.;	暂停 1 秒
N250	G00 X30.;	X 方向退刀
N260	G00 X100 Z100;	退刀至换刀点
N270	T0303;	换刀
N280	G00 X25. Z2.;	快速定位至循环起点
N290	G92 X23.1 Z-24. F2.;	第一次加工螺纹
N310	X22.5;	第二次加工螺纹

程序段号	程序内容	程序注释
N320	X21.9;	第三次加工螺纹
N330	X21.5;	第四次加工螺纹
N340	X21.4;	第五次加工螺纹
N350	G00 X100. Z100.;	退刀
N360	M05;	主轴停转
N370	M30;	程序结束

4. 检测

检测内容与评分细则如表 3-7-4 所示。

表 3-7-4　检测内容与评分

工件编号					总得分		
项目与权重	序号	技术要求	配分	评分标准	检测结果	得分
工件加工(50%)	1	M24×2-6g	8	超 0.01 mm 扣 2 分		
	2	$\phi 28_{-0.05}^{0}$	4	超 0.01 mm 扣 2 分		
	3	$\phi 34_{-0.1}^{0}$	6	超 0.01 mm 扣 2 分		
	4	$\phi 42_{-0.1}^{0}$	4	超 0.01 mm 扣 2 分		
	5	25	6	超 0.05 mm 扣 2 分		
	6	8	4	超 0.05 mm 扣 2 分		
	7	15	4	超 0.05 mm 扣 2 分		
	8	60	4	超 0.05 mm 扣 2 分		
	9	7×2	4	不符无分		
	10	R4	4	不符无分		
	11	C2	2	不符无分		
程序与加工工艺(30%)	12	程序格式规范	10	每错一处扣 2 分		
	13	程序正确、完整	10	每错一处扣 2 分		
	14	切削用量正确	5	不合理每处扣 3 分		
	15	换刀点、起点正确	5	不正确全扣		
机床操作(10%)	16	机床参数设定正确	5	不正确全扣		
	17	机床操作不出错	5	每错一次扣 3 分		
文明生产(10%)	18	安全操作	4	不合格全扣		
	19	机床维护与保养	3	不合格全扣		
	20	工作场所整理	3	不合格全扣		

3.7.5   项目实训

编写如图 3-7-6 所示零件的加工程序,并加工出来。零件材料为 YL12,选择毛坯尺寸为 $\phi 30 \times 100$ mm 的棒料,编程原点建在右端面中心,从右端面轴向走刀切削,加工外圆面时粗加工每次切深为1.5 mm,主轴转速为800 r/min,进给量 F 为 0.3 mm/r,精加工余量 X 方向为 0.5 mm,Z 方向为 0.1 mm,精加工时主轴转速为 1 200 r/min,进给量 F 为 0.1 mm/r,选择 5 mm 宽的切槽刀,主轴转速为 300 r/min,进给量 F 为 0.1 mm/r,螺纹加工时主轴转速为 300 r/min。

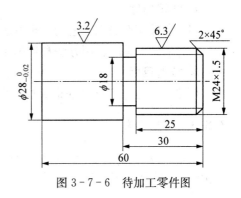

图 3-7-6   待加工零件图

3.8   项目八   车削综合加工

3.8.1   项目导入

图 3-8-1 所示为一个由圆柱面、圆锥面、外圆弧面、外螺纹等构成的外形较复杂的轴类零件。$\phi 24$ mm 圆柱面直径处加工精度较高,同时需加工 M12×1.25 的螺纹,材料为 YL12,选择毛坯尺寸为 $\phi 30 \times 100$ mm 的棒料进行加工。

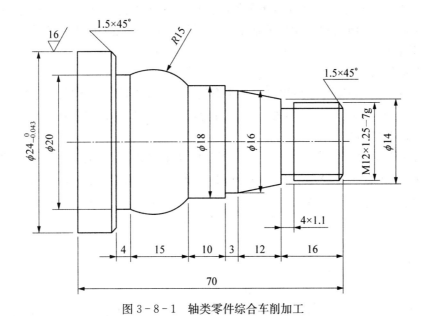

图 3-8-1   轴类零件综合车削加工

3.8.2 项目目标

1. 知识目标

（1）掌握零件加工工艺的分析方法。

（2）掌握刀具的选用方法和切削用量的选定。

2. 技能目标

可以综合运用已学过的指令加工出零件。

3.8.3 项目分析

通过本次的实训让学生基本掌握车刀的安装要求；车端面、车外圆、车台阶、车锥面、车凸圆弧、车凹圆、车槽、车螺纹、车内孔等数车的编程与加工。

3.8.4 项目实施

1. 工艺分析

1）确定加工方案

以零件右端面中心 O 作为工件坐标系原点，建立工件坐标系。根据零件尺寸精度、技术要求及数控加工的特点，该零件将粗加工、精加工分开来考虑。

2）零件的装夹及夹具的选择

采用该机床本身的三爪标准卡盘，零件伸出三爪卡盘外 80 mm 左右，并找正夹紧。

3）加工路线的确定

车削右端面→粗车外圆锥面→粗车外圆柱面→外圆弧面，预留 0.5 mm 余量→精车外圆柱面、精车外圆锥面、外圆弧面，保证 $\phi24$ mm 尺寸精度→切退刀槽→车削 M12×1.25 螺纹→切断保证长度 70 mm。

4）刀具的选择

1 号刀具为 93°硬质合金涂层机夹外圆车刀，用于车削端面和外圆；2 号刀具为切断刀，刀片宽度为 4 mm，用于切槽切断加工；3 号刀为高速钢螺纹车刀，用于螺纹的加工。

5）切削用量的选择

采用的切削用量主要依据刀具供应商提供的切削参数，考虑加工精度要求并兼顾提高刀具的耐用度、机床寿命等因素做合理的修正。确定 1 号刀具主轴转速 $n = 500$ r/min，进给速度粗车为 $f = 0.1$ mm/r，精车为 $f = 0.05$ mm/r；确定 2 号刀具主轴转速 $n = 300$ r/min，进给速度粗车为 $f = 0.05$ mm/r，确定 3 号刀具主轴转速 $n = 300$ r/min。

6）尺寸计算

螺纹牙型深度（直径值）：

$$t = 1.3P = 1.3 \times 1.25 = 1.625(\text{mm})$$

$$D_{大} = D_{公称} - 0.1P = 12 - 0.1 \times 1.25 = 12 - 0.125 = 11.875(\text{mm})$$

$$D_{小} = D_{公称} - 1.3P = 12 - 1.3 \times 1.25 = 12 - 1.625 = 10.375(\text{mm})$$

2. 加工工艺卡

图 3-8-1 所示零件的加工工艺卡如表 3-8-1 所示。

表 3 - 8 - 1　加工工艺卡

加工工序		刀具与切削参数					
序号	加工内容	刀具规格			主轴转速 (r/min)	进给率 (mm/r)	刀具补偿
		刀号	刀具名称	材料			
1	外圆加工	T1	外圆车刀	硬质合金	500	0.1/0.05	01
2	工件切槽	T2	切槽刀	高速钢	300	0.05	02
3	车削螺纹	T3	螺纹车刀	硬质合金	300	0.08	03

3. 加工参考程序

图 3 - 8 - 1 所示零件的加工参考程序如表 3 - 8 - 2 所示。

表 3 - 8 - 2　加工参考程序

程序段号	程序内容	程序注释
N10	O0005；	程序号
N20	G54；	设定坐标系
N30	T0101　S500　M03；	调用 1 号刀具 1 号刀补，主轴正转，转速 500 r/min
N40	G00　X40　Z3　M08；	快速移动到循环起点，打开切削液
N50	G73　U5　W3　R5；	复合循环加工
N60	G73　P70　Q210　U0.4　W0.1 F0.1；	精加工程序段起始段
N70	G00　X8.875；	X 方向快速定位
N80	G01　Z0　F0.08；	Z 方向进刀
N90	X11.875　Z−1.5；	加工倒角
N100	Z−16；	加工外圆面
N110	X14；	X 方向进刀
N120	X16　Z−28；	加工圆锥面
N130	Z−31；	加工 $\phi 16$ 的外圆面
N140	X18；	X 方向进刀
N150	Z−41；	加工 $\phi 18$ 的外圆面
N160	G03　X20　Z−56　R15；	加工 $R15$ 圆弧
N180	G01　Z−60；	加工 $\phi 20$ 的外圆面
N190	X21；	X 方向进刀
N200	X23.98　Z−61.5；	加工倒角
N210	Z−76；	加工 $\phi 24$ 的外圆面
N220	X30；	精加工程序段结束段
N230	G00　X100　Z100　T0100；	退刀并取消刀补

程序段号	程序内容	程序注释
N240	T0202;	换第二把刀具
N250	S300 M03;	调用 2 号刀具 2 号刀补
N260	G00 Z−16;	Z 方向进刀
N270	X15;	X 方向进刀
N280	G01 X9.6 F0.05;	槽加工
N290	X15 F0.5;	X 方向退刀
N310	G00 X100 Z100 T0200;	退刀并取消刀补
N320	T0303;	3 号刀具 3 号刀补
N330	S300 M03;	主轴正转, 转速 300 r/min
N340	X12 Z6;	快速定位至循环起点
N350	G76 P02 1.560 Q0.1 R0.1;	加工螺纹
N360	G76 X10.375 Z−12 P0.75 Q0.3 F1.25;	复合螺纹加工指令
N370	G00 X100;	X 方向退刀
N380	Z100 T0300 M09;	退刀并取消刀补, 关闭切削液
N390	M30;	程序结束

4. 检测

检测内容与评分细则如表 3-8-3 所示。

表 3-8-3　检测内容与评分

工件编号				总得分			
项目与权重	序号	技术要求	配分	评分标准	检测结果	得分
工件加工(50%)	1	M12×1.25-7g	6	超 0.01 mm 扣 2 分		
	2	$\phi14$	4	超 0.01 mm 扣 2 分		
		$\phi16$	4	超 0.05 mm 扣 2 分		
	3	$\phi18$	4	超 0.01 mm 扣 2 分		
	4	$\phi20$	4	超 0.01 mm 扣 2 分		
	5	$\phi24_{-0.043}^{0}$	6	超 0.01 mm 扣 2 分		
	6	16	4	超 0.05 mm 扣 2 分		
	7	12	4	超 0.05 mm 扣 2 分		
	8	3	4	超 0.05 mm 扣 2 分		
	9	10	2	不符无分		
	10	15	2	不符无分		

工件编号					总得分		
项目与权重	序号	技术要求		配分	评分标准	检测结果	得分
工件加工(50%)	11	4		2	不符无分		
	12	70		2	不符无分		
	13	R15		2	不符无分		
程序与加工工艺(30%)	14	程序格式规范		10	每错一处扣2分		
	15	程序正确、完整		10	每错一处扣2分		
	16	切削用量正确		5	不合理每处扣3分		
	17	换刀点、起点正确		5	不正确全扣		
机床操作(10%)	18	机床参数设定正确		5	不正确全扣		
	19	机床操作不出错		5	每错一次扣3分		
文明生产(10%)	20	安全操作		4	不合格全扣		
	21	机床维护与保养		3	不合格全扣		
	22	工作场所整理		3	不合格全扣		

3.8.5　项目实训

1. 图 3-8-2 所示零件材料为 45♯钢，毛坯尺寸为 $\phi 80 \times 35$ mm，编程原点建在右端面中心。试对零件进行工艺分析，并填写加工工艺卡，编写程序并加工出来。

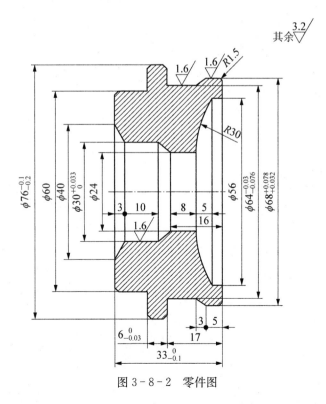

图 3-8-2　零件图

2. 图 3-8-3 所示零件材料为 45# 钢,毛坯尺寸为 $\phi50\times100$ mm,编程原点建在右端面中心。试对零件进行工艺分析,并填写加工工艺卡,编写程序并加工出来。

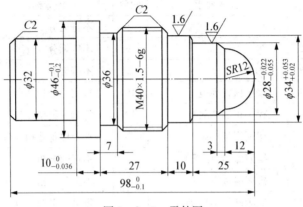

图 3-8-3 零件图

第4章 数控铣床编程与操作

4.1 项目一 数控铣削的基础知识

4.1.1 项目导入

加工如图4-1-1所示的零件,选用合适的数控机床,分析零件的加工工艺,选择合适的刀具、夹具。

4.1.2 项目目标

1. 知识目标

(1) 了解数控铣床的概念、种类、特点以及数控系统的分类。

(2) 熟悉数控机床铣削加工的安全操作和日常维护。

(3) 熟悉数控机床铣削加工常用的刀具、夹具。

2. 技能目标

图4-1-1 数控铣床加工零件图

(1) 会对数控铣床进行日常维护和保养。

(2) 能够根据加工工序选择合适的刀具以及与其匹配的工具系统。

(3) 根据加工零件合理选择夹具并装夹工件。

4.1.3 项目分析

1. 数控铣床概述

1) 数控铣床简介

数控铣床(NC Milling Machine)是在一般铣床的基础上发展起来的一种自动加工设备,两者的加工工艺基本相同,结构也有些相似。数控铣削加工主要以数控铣床和加工中心为主,数控铣床与加工中心相比,主要区别在于加工中心具有自动刀具交换装置(Automatic Tools Changer,简称 ATC)和刀库。加工中心的机床结构更复杂,加工工序更集中,加工效率更高。数控铣床可进行钻孔、镗孔、攻螺纹、轮廓铣削、平面铣削、平面型腔铣削及空间三维复杂型面的铣削加工。图4-1-2为立式数控铣床,图4-1-3为加工中心的轮盘式刀库。

图 4-1-2 立式数控铣床

图 4-1-3 轮盘式刀库

2) 数控铣床的分类

(1) 按运动轨迹分为直线控制数控铣床和轮廓切削控制数控铣床。

直线控制数控铣床,其特点是刀具相对于工件的运动即要控制起点与终点之间的准确位置,又要控制刀具在两点之间运动的速度和轨迹。刀具相对于工件移动轨迹是平行于某一坐标轴的直线方向,刀具在移动过程中进行切削。直线控制数控铣床加工示意图如图 4-1-4 所示。

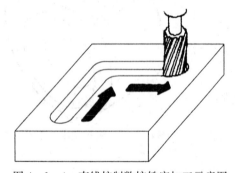

图 4-1-4 直线控制数控铣床加工示意图

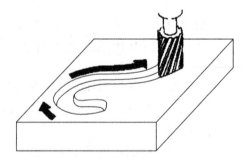

图 4-1-5 轮廓控制数控铣床加工示意图

轮廓切削(连续轨迹)控制数控铣床,其特点是数控机床能够控制两个或两个以上的轴,坐标方向同时严格地连续控制,不仅要控制每个坐标的行程,还要控制每个坐标的运动速度,这样可以加工出任意的斜线、曲线或曲面组成的复杂零件。轮廓控制数控铣床加工示意图如图 4-1-5 所示。

(2) 按主轴在空间中的位置不同,可分为立式铣床和卧式铣床。

立式铣床的主轴在空间中处于垂直放置状态,如图 4-1-6 所示;卧式铣床的主轴在空间中处于水平放置状态,如图 4-1-7 所示;立卧两用式铣床,这类铣床的主轴可以进行转换,可在同一台数控铣床上进行立式加工和卧式加工,同时具备立式、卧式铣床的功能。

(3) 按坐标轴和联动控制分为二轴联动机床、二轴半联动机床(见图 4-1-8)、三轴联动机床(见图 4-1-9)和多轴联动机床。多坐标数控机床的结构复杂,精度要求高,程序编制复杂,适于加工形状复杂的零件,如叶轮叶片类零件。

图 4-1-6　立式铣床

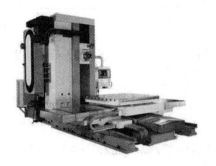

图 4-1-7　卧式铣床

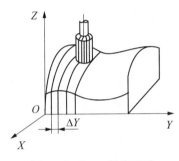

图 4-1-8　二轴半联动

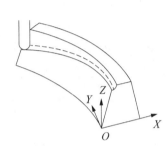

图 4-1-9　三轴联动

3）数控铣床的特点

数控铣床由于其机床本身自动化程度较高，能减轻操作者的劳动强度，结构复杂，生产成本高，使得数控铣削加工具有以下几个特点：

（1）对零件加工的适应性强、灵活性好，能加工轮廓形状特别复杂或难以控制尺寸的零件，如模具类零件、壳体类零件等。能加工用数学模型描述的复杂曲线类零件以及三维空间曲面类零件。

（2）加工精度高、加工质量稳定可靠。

（3）生产效率高，一次装卡完成多道工序，减少中间辅助加工时间。

（4）铣削加工采用断续切削方式，因此无论是端铣或是周铣，对刀具的要求较高。

4）数控铣床的安全操作及日常维护

为了安全正确地操作使用，设备使用者应负责设备安全、正确使用和日常维护保养。数控铣床的安全操作规程如表 4-1-1 所示，数控铣床的日常维护如表 4-1-2 所示。

表 4-1-1　数控铣床的安全操作

序号	安全操作
1	检查机床电气控制系统是否正常，润滑系统是否畅通、油质是否良好，并按规定要求加足导轨润滑油。
2	检查机床机械设备，各操作手柄、机械安全防护罩、隔离挡板等是否安全可靠，设备 PE 接地是否牢靠。

（续表）

序号	安全操作
3	检查机床上的刀具、夹具、工件装夹是否牢固正确,安全可靠,保证机床在加工过程中受到冲击时不致松动而发生事故。
4	禁止将工具、刀具等杂物放置于工作台、操作面板、主轴头、护板上。
5	开关数控铣床时,严格按照机床开/关机步骤操作。
6	机床在开机之后,必须先返回参考点。返回参考点时,应先回 Z 轴,再回 X 轴或 Y 轴,防止机床发生碰撞。
7	开机后应空运行 5 分钟以上,使机床达到热平衡状态。
8	对刀必须正确,工件坐标偏置输入必须无误。
9	遵守加工产品工艺要求,严禁超负荷使用机床。
10	严禁用手试摸刀刃是否锋利或检查加工表面是否光洁。
11	加工中在铣刀头将要接近工件时,必须改为手动对刀,铣削正常后再改为自动走刀。
12	自动加工时,应关好防护门,防止意外事故发生。发生紧急情况时应及时按下停止键或急停按键。
13	系统在启动过程中,严禁断电或按动任意键。
14	禁止敲打系统显示屏,禁止随意改动系统参数。
15	加工结束后,清理好工作场地,关闭电源,清洁设备。

表 4-1-2　数控铣床的日常维护

序号	检查周期	检查部位	检查要求
1	每天	导轨润滑油箱	检查油量,及时添加润滑油,润滑泵是否定时启动停止。
2	每天	主轴润滑恒温油箱	是否正常工作,油量是否充足,温度范围是否合适。
3	每天	机床液压系统	油箱油泵是否异常,工作油是否合适,压力表指示是否正常,管路积分接头有无漏油。
4	每天	压缩空气气源压力	气动控制系统的压力是否在正常范围内。
5	每天	气源自动分水滤气器自动空气干燥器	及时清理分水器中滤出的水分,检查自动空气干燥器是否正常工作。
6	每天	气源转换器和增压器油面	油量是否充足,不足时及时补充。
7	每天	X、Y、Z 轴导轨面	清除金属屑和脏物,检查导轨面有无划伤和损坏,润滑是否充分。

（续表）

序号	检查周期	检查部位	检查要求
8	每天	液压平衡系统	平衡压力指示是否正常,快速移动时平衡阀工作正常。
9	每天	各种防护装置	导轨、机床防护罩是否齐全、移动是否正常。
10	每天	电器柜通风散热装置	各电器柜中散热风扇是否正常工作、风道滤网有无堵塞。
11	每周	电器柜过滤器、滤网	过滤网、管网上是否粘附尘土,如有应及时清理。
12	不定期	冷却油箱	检查液面高度、及时添加冷却液;冷却液太脏时应及时更换和清洗箱体及过滤期。
13	不定期	废液池	及时处理积存的废油,避免溢出。
14	不定期	排屑器	经常清理切屑,检查有无卡住等现象。
15	半年	检查传动皮带	按机床说明书的要求调整皮带的松紧程度。
16	半年	各轴导轨上的镶条压紧轮	按机床说明书的要求调整松紧程度。
17	一年	检查或更换直流伺服电机	检查换向器表面、去除毛刺、吹干净碳粉、及时更换磨损过短的碳刷。
18	一年	液压油路	清洗溢流阀、液压阀、滤油器、油箱过滤或更换液压油。
19	一年	主轴润滑、润滑油箱	清洗过滤器、油箱,更换润滑油。
20	一年	润滑油泵、过滤器	清洗润滑油池。
21	一年	滚珠丝杆	清洗滚珠丝杆上的润滑脂,添上新的润滑油。

2. 数控铣削的工具系统

通过表 4-1-3 了解数控铣床铣削加工时常用的工具,包括刀具、刀具系统、刀具系统安装工具、辅助对刀仪器以及工件安装夹具等内容。

表 4-1-3　数控铣削常用刀具

名称		常用铣刀示意图	主要用途
孔加工	中心钻		中心钻主要用于孔加工的精准定位。
	麻花钻		麻花钻主要用于工件孔加工。
	锪孔钻		锪孔钻主要用于工件圆孔上的倒角或钻 60°、90°、120°的锥孔。

(续表)

名称		常用铣刀示意图	主要用途
孔加工	铰刀		铰刀主要用于铰削工件上已钻削或扩孔加工后的孔。
	镗刀		镗刀主要用于对工件上的已有尺寸孔的加工。
	丝锥		丝锥主要用于内螺纹的加工。
铣削加工	立铣刀		立铣刀主要用于内外轮廓铣削加工。
	面铣刀		面铣刀主要用于大平面铣削加工。
	槽铣刀		槽铣刀主要用于加工平键键槽,也可用于加工开口键槽。
	球头铣刀		球头铣刀主要用于加工各类模具型腔或复杂的曲面、成形表面的加工。
	成形铣刀		成形铣刀一般用于为特定的工件或加工内容专门设计的,适用于加工平面类零件的特定形状。
	鼓形铣刀		鼓形铣刀主要用于变斜角的近似加工。

1) 铣刀几何尺寸的选择

(1) 刀具选择应考虑的主要因素有:被加工工件的材料、性能,如金属、非金属,其硬度、刚度、塑性、韧性及耐磨性等;加工工艺类别,如钻削、铣削、镗削或粗加工、半精加工、精加工和超精加工等;工件的几何形状、加工余量、零件的技术经济指标;刀具能承受的切削用量;

以及一些辅助因素,如操作间断时间、振动、电力波动或突然中断等。

(2) 铣刀参数的选择。

铣刀为多齿的回转刀具,其每一个刀齿,都相当于一把车刀固定在铣刀的回转面上。铣削加工时,铣刀直径过大或过小都将对铣削效果产生不良影响。一般情况下,为了减少铣削加工过程中走刀次数,提高加工速度和切削量,应尽量选择直径较大的铣刀。选择刀具时应注意如下几点:

① 刀具半径 r 应小于零件内轮廓的最小曲率半径 ρ,一般取 $r = (0.8 \sim 0.9)\rho$。

② 零件的加工高度 $H \leqslant (1/4 \sim 1/6)r$。

③ 不是通孔铣削或深槽铣削时选取 $l = H + (5 \sim 10)\text{mm}$,其中 l 为刀具切削部分长度,H 为零件高度。

④ 加工外形及通槽时选取 $l = H + r_e + (5 \sim 10)\text{mm}$,其中 r_e 为刀尖转角半径。

⑤ 加工肋板时刀具直径为 $D = (5 \sim 10)b$,其中 b 为肋板的厚度。

⑥ 粗加工内轮廓面时,铣刀最大直径 $D_粗$ 可按下面公式计算:

$$D_粗 = 2[\delta\sin(\phi/2) - \delta_1]/[1 - \sin(\phi/2)] + D$$

其中,D 表示轮廓的最小凹圆角半径;

d 表示圆角邻边夹角等分线上的精加工余量;

δ_1 表示精加工余量;

ϕ 表示圆角两邻边的最小夹角。

表 4 - 1 - 4 　数控铣削常用刀具系统

名称	常用刀具系统示意图	主要用途
拉钉		拉钉主要用于刀柄与机床主轴的固定,安装在刀柄锥柄尾部和机床主轴拉紧机构固定刀柄的主轴上。
强力刀柄		铣刀刀柄主要是用于安装各种不通过铣削、钻铣、镗削、攻丝等加工刀具的。
弹簧夹头刀柄		
面铣刀刀柄		

（续表）

名称	常用刀具系统示意图	主要用途
钻夹头刀柄		
侧固式刀柄		按照刀柄形状的不同可分为直柄和锥柄两种。刀具的选择要与机床之后锥孔相匹配。
莫氏锥度刀柄		

2）铣削常用的工具

铣削常用的刀具系统安装工具如表4-1-5所示，常用的辅助工具和常用夹具如表4-1-6、表4-1-7所示。

表4-1-5　数控铣削常用刀具系统安装工具

名称	常用刀具系统安装工具	主要用途
锁刀座和卸刀座		刀座主要用于数控铣床刀具系统的安装和拆卸。
扳手		扳手主要用于锁紧刀柄。

表 4 - 1 - 6　数控铣削床辅助工具

名称	辅助对刀工具	主要用途
偏心式 寻边器		寻边器主要用于工件坐标系零点的找正,主要进行 X 轴和 Y 轴零点确定。
光电式 寻边器		
Z 轴 设定器		Z 轴设定器进行 Z 轴零点的确定。
机外 对刀仪		机外对刀仪主要用来测量刀具的半径和长度,是在刀具装入机床前进行对刀时使用的。

表 4 - 1 - 7　数控铣床常用夹具

名称	常用夹具	主要用途
平口钳		平口钳主要用于中小尺寸和形状规则的工件装夹
组合 压板		组合压板主要用于较大的工件装夹,其直接将工件压在工作台上。

名称	常用夹具	主要用途
三爪自定心卡盘		三爪自定心卡盘主要用于回转体类零件的装夹。
组合夹具		组合夹具主要是根据工件加工需要，将通用元件和组合元件组成各种功用的夹具。

工件在空间中有 6 个自由度，所以工件的定位按照六点定位原则，就是指用适当分布的 6 个支撑点限制工件 6 个自由度的法则。因此，工件有四种定位形式。

① 完全定位，6 个自由度都被限制了。

② 部分定位，限制部分的自由度。

③ 欠定位，工件的定位不能满足应该限制的自由度的数目。

④ 过定位，重复定位。

加工过程中，为了保证工件的加工精度和位置精度，选择定位基准应该遵循四个原则：基准重合原则、基准统一原则、自为基准原则和互为基准原则。基准重合原则，尽量选择加工表面的设计基准定位；基准统一原则，尽可能在同一个定位基准上加工多道程序；自为基准原则，有时候，可以用加工面本身作为定位基准；互为基准原则，也可采用工件上的两个表面互相作基准。

数控铣床的夹具，应该满足精度和刚度的要求、定位的要求、敞开性的要求以及快速装夹的要求，减少工件在夹具上的定位和夹紧误差以及粗加工的变形误差。

4.1.4 项目实施

1. 刀具安装

以整体式铣削工具为例，说明铣刀的安装操作步骤。

1）刀柄的安装

选择与机床主轴规格和铣削加工工艺相匹配的刀柄、拉钉、卡簧以及相应的铣刀，安装过程如图 4-1-10 所示。

（1）将拉钉装于铣刀刀柄中，并用扳手锁紧拉钉。

（2）将刀柄放置于锁刀座的锥孔上，并使刀座上的键卡住刀柄键槽。

图 4-1-10　数控铣刀的安装

（3）安装卡簧于刀柄装配孔中。

（4）安装立铣刀于卡簧中，并注意刀具伸出长度。

（5）用手预紧刀柄，并用扳手锁紧刀柄。

2）刀具系统与主轴的安装

（1）清洁刀柄锥面和主锥孔。

（2）左手握住刀柄，将刀柄键槽对准主轴端面键，垂直深入到主轴内，使得刀柄键槽与主轴制动键方向一致，防止刀柄装夹不到位。

（3）选择控制面板上的"手动方式"，右手按下主轴上方的"换刀"按键，直到刀柄键槽与主轴完全配合后，确认刀柄被自动夹紧，松开换刀按键，如图 4-1-11 所示。

主轴　　　　　　　　　刀柄

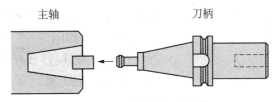

图 4-1-11　在主轴上手动装刀

2. 工件装卡与调试

工件装卡决定着由工件件相对于机床的最终精度，所以"定位"也涉及到三层关系：工件在夹具上的定位、夹具相对于机床的定位和工件相对于机床的定位。而工件相对于机床的定位是通过夹具来间接保证的。

数控铣床一般采用通用夹具来安装零件，下面以平口钳为例来说明工件的装卡。

（1）安装机用平口钳时，应擦净钳座底面和铣床工作台面。

（2）将机用平口钳底座上的定位键放人工作台中央 T 形槽内，然后固定钳座，再参考底座上的刻线，转动钳体，使固定钳口平面与铣床主轴轴线平行或垂直，也可以调整成所需要的角度。一般情况下，机用平口钳应处在数控铣床工作台中心偏左位置。

（3）使用百分表对固定钳口 X、Y 方向进行找正。

（4）安装毛坯与钳口中间位置，调整钳口张靠行程，选择合适的平行块，放置在钳口。

（5）预紧工件，并轻轻敲击工件，防止工件上浮。

（6）用百分表找正毛坯与工作台平行或垂直。

（7）夹紧毛坯。

3. 建立工件坐标系的方法

建立工件坐标系又称对刀,其目的是确定工件坐标系原点在机床坐标系中的位置。对刀操作可分为 X、Y 向对刀和 Z 向对刀。根据使用不同的对刀工具,对刀方法分为以下几种:试切对刀法,塞尺、标准芯棒和块规对刀法,采用寻边器、偏心棒和 Z 轴设定器等工具对刀法,顶尖对刀法,百分表(或千分表)对刀法,专用对刀器对刀法。

具体问题具体分析,要根据实际加工的不同,采用相应的对刀方法。

4.1.5 项目实训

1. 简述数控铣床与加工中心的区别。
2. 简述数控铣床的分类。

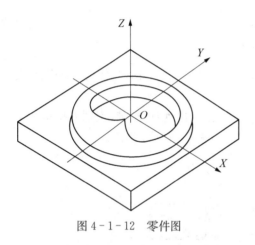

图 4-1-12 零件图

3. 简述数控铣床的特点。
4. 简述数控铣削的日常维护保养。
5. 简述数控铣床的刀具。
6. 简述数控铣床刀具选择应该考虑的因素。
7. 简述数控铣床建立工件坐标系的方法。
8. 简述数控铣刀的安装步骤,并在机床上进行铣刀安装。
9. 简述用平口钳夹紧工件的安装步骤,并在机床上进行工件的加紧操作。
10. 加工如图 4-1-12 所示的零件,需要选择什么样的夹具、什么样的刀具? 在机床上将工件加紧,并安装刀具。

4.2 项目二 数控铣削的系统面板与基本操作

4.2.1 项目导入

数控系统是数控机床的核心部分,项目主要以 FANUC 0i TD 数控系统为例,介绍系统面板以及基本操作方法。

4.2.2 项目目标

1. 知识目标

(1) 熟悉 FANUC 操作面板上各按键、按钮的作用和应用。
(2) 掌握 FANUC 的基本操作方法。

2. 技能目标

(1) 能够操作数控铣床。
(2) 会排除简单的报警故障。
(3) 能进行对刀操作,刀具补偿值的输入操作。

4.2.3　项目分析

1. FANUC 系统操作面板介绍

1）显示器与 MDI 面板

按任意一个功能键,就会显示相应的画面。同一个数据输入键上有多个地址和数据时,按键后循环显示。同时按下任意一个功能键和 CAN 时画面就会消失,之后再按任意一个功能键,会显示相应的画面。显示器与 MDI 面板如图 4-2-1 所示,MDI 面板上的各键功能如表 4-2-1 所示。

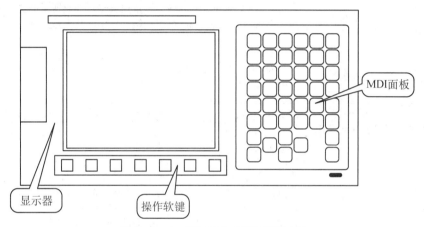

图 4-2-1　显示器与 MDI 面板示意

表 4-2-1　MDI 面板按键功能

按键	名称	功　能
O_P　8_B	地址/字符/符号输入键	按此键可进行字母、数字和运算符号等文字的输入。
HELP	帮助键	按此键可以显示如何操作机床,并可在 CNC 发生报警时提供详细的报警信息。
RESET	复位键	按此键可使系统复位,用以消除报警等。复位键的作用和电脑上的"刷新"作用差不多,在"编辑方式"下按"复位键",可以将光标回到程序开头,在其他方式下按"复位键",可使程序停止运行、机床运动停止等。
SHIFT	上档键	在"地址、数字键"上有两个字符,靠左边较大的字符是默认字符,右下角较小的字符必须配合"换档键"才能被选择输入。
CAN	退格键	按此键可删除输入缓冲器中的最后一个字符或符号。

（续表）

按键	名称	功　能
DELETE	删除键	按此键可删除已输入的字以及删除在内存中的程序。
INSERT	插入键	按此键可插入光标当前输入字（地址、数字）。
INPUT	输入键	当按了"地址键"或"数字键"后，数据被输入到数据缓冲器，并在屏幕上显示出来，按下"输入键"可以把缓冲器中的数据输入到寄存器中。
ALTER	替换键	又称为"修改键"，按此键可把寄存器中光标所在的字符替换为缓冲器中输入的字符。
POS	位置显示键	按下"POS键"后，对应的软键主要有三个，即"绝对（ABS）"，显示绝对坐标画面；"相对（REL）"，显示相对坐标画面；"综合（ALL）"，显示所有坐标画面。
PROG	程序显示键	将机床操作面板上的"方式选择开关"选择为"自动"后，按此键显示当前执行的程序画面。将机床操作面板上的"方式选择开关"选择为"编辑方式（EDIT）"或"手动数据输入方式（MDI）"后，按此键后再通过按相应的软键可进行程序的编辑、修改、程序查找等操作。
OFS/SET	偏置/参数设置键	按此键显示刀偏/设定画面，可进行刀具补偿值的设置和显示、工件坐标系设定、宏变量设置、刀具寿命管理设定、工件偏移值设置以及其他数据设置等操作。
SYSTEM	系统参数设置键	按此键显示系统画面，可进行机床参数的设定、显示和诊断数据的显示等操作。
MESSAGE	报警显示信息键	按此键后可显示的画面有报警画面、当前操作状态信息画面、报警履历画面。
CSTM/GR	图像显示键	按此键显示用户宏画面（会话式宏画面）或显示图形画面。
PAGE↓ PAGE↑	翻页键	使当前屏幕画面向前或向后翻一页。
← ↑ → ↓	光标移动键	使光标朝前、后、左、右方向按一定的尺寸单位移动。
◀ ▶	软件	为了显示更详细的画面，在按了功能键之后，可紧接着按相应的软键。软键的功能相当于电脑中的子菜单功能。

2）机床操作面板

数控机床的操作面板，可分为操作方式选择、进给轴选择按键、倍率开关、手轮、急停按钮、机床电源、辅助功能操作按键等，如图 4-2-2 所示。

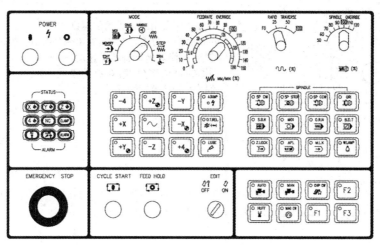

图 4-2-2　数控铣床操作面板

各键的名称和功能如表 4-2-2 所示。

表 4-2-2　数控铣床操作面板各键功能

按键符号	名称	功能说明
EMERGENCY STOP ○	急停按钮	紧急情况下按下此按钮，机床停止一切运动。
MODE DNC HANDLE MDI JOG MEMORY STEP EDIT ZRN	操作模式旋钮	此旋钮用于选择一种工作模式： 1. 编辑模式：用于编写、修改程序。 2. 自动加工模式：用于自动执行程序。 3. MDI 录入模式：可输入一个程序段后立即执行，不需要完整的程序格式。用以完成简单的工作。 4. DNC 模式：用于机床在线加工。 5. 手轮模式：选择相应的轴向及手轮进给倍率，实现旋动手轮来移动坐标轴。 6. JOG 模式：按相应的坐标轴按钮来移动坐标轴，其移动速度取决于"进给倍率修调"值的大小。 7. STEP 模式，启动脉冲运动功能。每次选择按下轴向键的一个按键，就会在选定的轴和方向移动一个选定的"脉冲步进当量"。有些机床因为有了手动脉冲，则该按钮无效。 8. ZRN 回参考点模式：使各坐标轴返回参考点位置并建立机床坐标系。

（续表）

按键符号	名称	功能说明
FEEDRATE OVERRIDE	进给倍率旋钮	按百分率强制调整进给的速度。 外圈为修调分度率（％）：在 0～150％ 的范围内，以每 10％ 的增量，修调坐标轴移动速度。 内圈为进给率分度：在点动模式下，在 0～1 260 mm/min 范围内调整坐标轴移动速度。
RAPID TRAVERSE	快速倍率旋钮	用于在 0～100％ 的范围内，以每次 25％ 的增量按百分率强制调整快速移动的速度。
SPINDLE OVERRIDE	主轴旋转倍率旋钮	可在 50～120％ 的范围内，以每次 10％ 的增量调整主轴旋转倍率。
-4 +Z -Y +X ～ -X +Y -Z +4	轴选择键及快速进给键	在 JOG 模式下按下某轴方向键即向指定的轴方向移动。每次只能按下一个按钮，且按下时，坐标就移动，松手即停止移动。 在按下轴进给键的同时按下快速进给键，可向指定的轴方向快速移动（G00 进给）即通常所说的"快速叠加"。
S.B.K	单段执行键	在 AUTO、MDI 模式，选择该按键，启动单段执行程序功能。即运行完一个程序段后，机床进给暂停，再按下循环启动键，机床再执行下一个程序段。
M01	选择停止键	在 AUTO 方式，选择该按键，结合程序中的 M01 指令，程序执行将暂停，直到按下循环启动键才恢复自动执行程序。
D.R.N	空运行键	在 AUTO 模式下，选择该按键，CNC 系统将按参数设定的速度快速执行程序。除 F 指令不执行外，程序中的所有指令都被执行。

（续表）

按键符号	名称	功能说明
○ B.D.T	跳段执行键	在 AUTO 模式下,选择该按键,结合程序中的跳段符"/",可越过所有含有"/"的程序段,执行后续的程序段。
○ Z.LOCK	Z 轴锁键	在 AUTO 模式下,选择该按键,CNC 系统将执行加工程序而不输出 Z 轴控制信息,即 Z 轴的伺服元件无动作。该方式只能检查程序的语法错误,检查不出 NC 数据的错误。
○ AFL	辅助功能锁键	在 AUTO 模式下,选择该按键将使辅助功能指令无效。
○ M.LK	伺服元件锁键	在 AUTO 模式下,选择该按键,CNC 系统将只执行加工程序而不输出控制信息,即所有的伺服元件无动作。该方式只能检查程序的语法错误,检查不出 NC 数据的错误,因此很少用到该功能。
○ W.LAMP	机床照明键	按此键使其指示灯亮为开机床照明灯,按此键使其指示灯灭为关机床照明灯。
CYCLE START	循环启动键	伺服在 AUTO、MDI 方式下,若按该按键,选定的程序、MDI 键入的程序段将自动执行。
FEED HOLD	进给保持键	在程序执行过程中,若按该按键,进给和程序执行立即停止,直到启用循环启动键。
○ SP CW	主轴正转键	在 JOG 模式或手轮模式且主轴已经赋值过转速的情况下,启用该键,主轴正转。应该避免主轴直接从反转启动到正转,中间应该经过主轴停止转换。
○ SP STOP	主轴停转键	在 JOG 模式或手轮模式下,启用该键,主轴将停止。手工更换刀具时,这个按键必须被启用。
○ SP CCW	主轴反转键	在 JOG 模式或手轮模式且主轴已经赋值过转速的情况下,启用该键,主轴反转。应该避免主轴直接从正转启动到反转,中间应该经过主轴停止转换。
○ MAG CW	刀库正转键	按一下使刀库顺时针转动一个刀位(逆着 Z 轴正向看)。不要随意操作,如过刀库手动转动后使刀库实际到位与主轴当前刀位不一致,容易发生严重的撞刀事故!
○ ORI	主轴准停按键	在 JOG 模式可以使主轴准确停止,停止角度可由系统参数设定。

按键符号	名称	功能说明
O.T.REL	超程释放键	强制启动伺服系统，一般在机床超程时使用。
LUBE	机床润滑键	给机床加润滑油。
AUTO	自动冷却键	在自动模式下，当程序中有 M08 给冷却液指令运行，则该键指示灯亮，若没有冷却液指令运行则该指示灯保持熄灭状态。
MAN	手动冷却键	在 JOG 模式、手轮模式或自动模式下，按此键使指示灯亮，则冷却液打开，按此键使指示灯灭，则冷却液关闭。
EDIT OFF ON	程序保护锁	只有在关闭程序保护锁状态下，出现才可以进行程序的编辑、登录。图示为保护开状态。
POWER	系统电源开关键	左边绿色按钮用于启动 NC 单元。右边红色按键用于关闭 NC 系统电源。

2. FANUC 系统的基本操作

1）开关机操作

（1）开机操作：首先合上机床总电源开关，开稳压器、气源等辅助设备电源开关，开数控铣床控制柜总电源，系统进入自检状态，将紧急停止按钮右旋弹出，开操作面板电源，直到机床准备不足报警消失，则开机完成。

（2）关机操作：移动各轴至行程大致中间位置，按下"急停按钮"，关闭操作面板电源，关闭机床控制柜总电源、关闭辅助设备电源、关闭机床总电源，则关机完成。

（3）注意事项：在开机之前要先检查机床状况有无异常，润滑油是否足够等，如一切正常，方可开机。

2）返回参考点操作

开机后首先应回机床参考点，将模式选择开关选到回原点上，再选择快速移动倍率开关到合适倍率上，选择各轴依次返回参考点。

选择 Z 轴方向键，Z 轴返回参考点，选择 Y 轴方向键，Y 轴返回参考点，选择 X 轴方向键，X 轴返回参考点，选择"+4"键，第 4 轴返回参考点。当 X、Y、Z 以及第 4 轴的指示灯亮，表示返回参考点，这时综合坐标显示页面中的机床坐标 X、Y、Z 都为零。返回参考点后，应及时移动各轴远离返回参考点位置，避免长时间压住行程开关，影响机床寿命。

注意:返回参考点时,先返回 Z 轴,再返回其他轴,放置主轴与工件发生碰撞。当按下"急停"按钮或者运行了"机床锁住"、"Z 轴锁住"、"坐标锁住"之后,需要重新进行机床参考点返回操作,否则机床失去参考点的记忆,将造成事故。

3) 手动操作

操作模式旋钮旋至手动数据输入方式,分别按住各轴选择键+Z、+X、+Y、−X、−Y、−Z 即可使机床向"键名"的轴和方向连续进给,若同时按快速移动键,则可快速进给。通过调节进给倍率旋钮、快速倍率旋钮,可控制进给、快速进给移动的快慢。

(1) 手持盒模式操作。

手持盒又称手持脉冲发生器,如图 4 - 2 - 3 所示。操作模式旋钮旋至手摇脉冲发生器进给方式(HANDLE),通过手轮上的轴向选择旋钮可选择轴向运动,顺时针转动手轮脉冲器,轴正向移动,反之,则轴负向移动。通过选择脉动量×1、×10、×100(分别是 0.001、0.01、0.1 毫米/格)来确定进给快慢。

图 4 - 2 - 3　手持脉冲发生器

(2) 手动数据模式(MDI 模式)。

将操作模式旋钮旋至 MDI 模式,按下编辑面板上的程序键,选择程序屏幕,按下对应 CRT 显示区的软键(MDI),系统会自动加入程序号 O0000——用通常的程序编辑操作编制一个要执行的程序,在程序段的结尾不能加 M30(在程序执行完毕后,光标将停留在最后一个程序段)。如图 4 - 2 - 4 中所示输入若干段程序,将光标移到程序首句,按循环启动键即可运行。

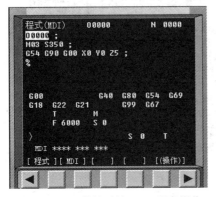
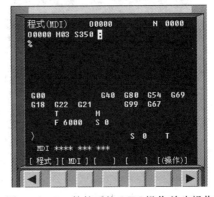

图 4 - 2 - 4　数控系统 MDI 程序操作　　图 4 - 2 - 5　数控系统 MDI 操作单步操作

若只需在 MDI 输入运行主轴转动等单段程序,只需在程序号 O0000 后输入所需运行的单段程序光标位置停在末尾,如图 4 - 2 - 5 所示,按循环启动键循环启动键即可运行。

要删除在 MDI 方式中编制的程序可输入地址 O0000,然后按下 MDI 面板上的删除键或直接按复位键。

4) 程序管理

(1) 创建新程序。

将程序保护锁调到开启状态,并将操作模式旋钮旋至编辑模式,按程序键。按下软键(LIB)进入列表页面,如图 4-2-6(a)所示。按地址键 O,输入一个系统中尚未建立的程序号,如图 4-2-6(b)所示。按插入键,创建完成,显示新程序的界面。

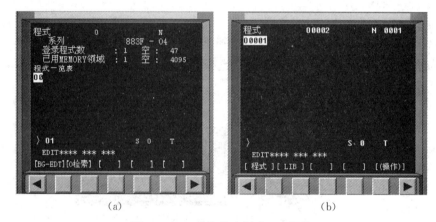

    (a)   (b)

图 4-2-6 数控铣床创建程序操作

(2) 打开程序。

将程序保护锁调到开启状态,将操作模式旋钮旋至编辑模式,按程序键。按下软键(LIB),如图 4-2-7(a)所示,CRT 显示区即将所有建立过的程序列出。按地址键 O,输入程序号,该程序号必须是已经建立的程序号,按向下方向键,打开完成如图 4-2-7(b)所示的界面。

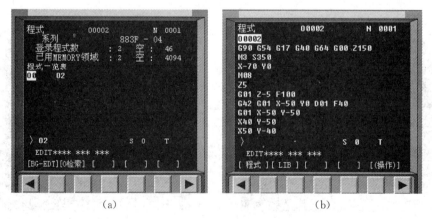

    (a)   (b)

图 4-2-7 数控铣床的进入程序操作

(3) 编辑程序。

创建或进入一个新的程序,应用替换键、删除键、插入键、取消键等完成对程序的编辑,在每个程序段段尾,按分段键(EOB 键)完成。

如图 4-2-8(a)所示,在程序编辑模式下编辑程序,将光标在 G17 处,输入 G18,按下替换键则程序编辑结果为图 4-2-8(b)所示,此时光标在 G18 处。按删除键则程序编辑结果为图 4-2-8(c)所示,此时光标在 G40 处。

如图 4-2-8(d)所示,输入 G17,按插入键则程序编辑结果为图 4-2-8(e)所示,取消键的功用是取消前面录入的一个字符。

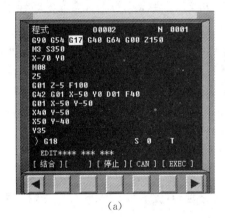

(a)

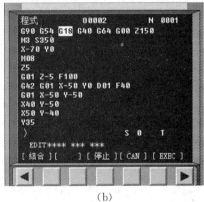

(b)

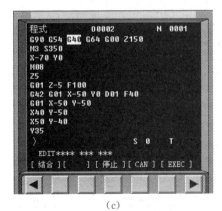

(c)

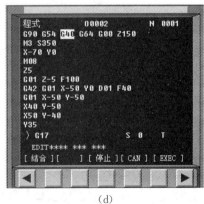

(d)

(e)

图 4-2-8　数控系统程序的编辑操作

（4）检索程序。

在编辑模式中打开某个程序，输入要检索的字，例如：X37，向上检索按下向上的方向键，向下检索按下向下的方向键，光标即停在字符 X37 位置。

注意：在检索程序的检索方向必须存在所检索的字符，否则系统将报警。

（5）复制程序。

复制全部程序。将操作模式旋钮旋至编辑模式，按程序键，接着依次按下软键（操作）按键，软件扩展键，按软键（EX－EDT），按软键（COPY），按软键（ALL），输入新的程序名，只输数字部分，并按输入键，按软键（EXEC），就将一个完整的程序进行了复制。

复制程序的一部分。将操作模式旋钮旋至编辑模式，按程序键，接着依次按软键（操作），按软件扩展键，按软件（EX－EDT），按软键（COPY），将光标移动到要拷贝范围的开头，按软键（CRSR），将光标移动到要拷贝范围的末尾，按软键（CRSR）或（BTTM），输入新的程序名，只输数字部分，并按输入键，按软件（EXEC）。需要注意的是如果按下（BTTM）软件，则不管光标的位置在什么地方，直到程序结束的程序都将被拷贝。

（6）删除程序。

删除一个完整的程序。将操作模式旋钮旋至编辑模式，按程序键，按下软键（LIB），显示如图 4－2－9(a)所示界面，按程序软键，键入地址键 O，键入要删除的程序号，按删除键，删除完成，显示界面如图 4－2－9(b)所示。

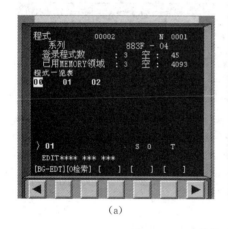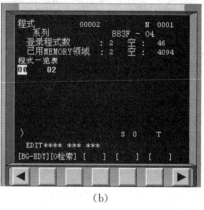

(a)　　　　　　　　　　　　　　　(b)

图 4－2－9　数控系统程序删除操作

删除内存中的所有程序。将操作模式旋钮旋至编辑模式，按程序键，按下软键（LIB），按程序软键，键入地址键 O，键入程序号－9999，按删除键，删除完成。

删除指定范围内的多个程序。将操作模式旋钮旋至编辑模式，按程序键，按下软键（LIB），按程序软键，输入"OXXXX，OYYYY"，其中，XXXX 代表将要删除程序的起始程序号，YYYY 代表将要删除程序的终止程序号，按删除键即删除从 No XXXX 至 No YYYY 之间的程序。

5）建立工件坐标系的数据输入操作方法

建立工件坐标系又称为建立工件的零点偏置，是为了确定工件坐标系（G54～G59）与机床坐标系之间的位置关系，使工件在加工时有一明确的参考点。将工件坐标系的数据输入到相应的参数设置的过程,我们通常称之为"对刀"。工件坐标系的建立直接影响零件的加工精度,不同的加工工件,坐标系的设置也不同,应合理地选择,便于程序的编制。

（1）工件坐标系（G54～G59）。

一般来说,根据数控机床工件的加工面,可设置 6 个工件坐标系。在工件加工之前,应预先设置工件坐标系,目的是为了系统在执行程序时自动把工件坐标系与机床原点发生偏置。

（2）对刀的方法和种类。

根据加工精度的不同,可采用不同的对刀方法。下面以试切法为例进行对刀。试切法对刀的精度较低,常用寻边器和 Z 向定位器等辅助进行,效率较高,能保证对刀精度。

若把工件坐标系原点设在工件上表面对称中心时,对刀过程分为 X、Y 轴对刀和 Z 轴对刀。

X、Y 轴的对刀,一般铣床在 X、Y 方向对刀时,可使用寻边器,也可使用实际加工时所要使用的刀具来完成对刀,使用寻边器对刀时,输入到工件坐标系的数值要减去寻边器的半径值。在手动方式下,把刀具移到工件的右侧面,让主轴正转,在增量方式下,先对 X 向,此时,屏幕坐标显示 X 轴的数值,设置为 X_1,把刀具移到工件的左侧面,屏幕坐标显示 X 轴的数值,设置为 X_2,则坐标原点的 X 坐标值应是,保持刀具与工件的位置不变,在 G54 坐标系输入 X 的值。用同样的方法,把刀具移到工件的前侧面和后侧面,在 G54 中输入 Y 的值,则对刀结束,如图 4-2-10 所示。

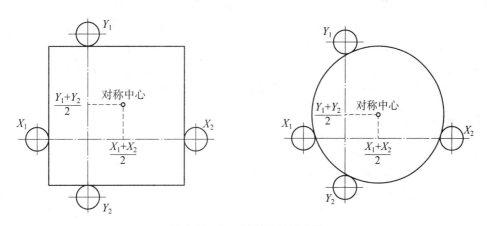

图 4-2-10　试切法对刀示意

Z 轴对刀时,采用的是实际加工时所要使用的刀具来完成对刀。选择刀具直接装刀,如选用 $\phi16$、长 100 的立铣刀,手动方式下将刀具靠近工件上表面,记下此时的 Z 坐标值,则为工件坐标系原点的 Z 坐标值。在 G54 坐标系中输入 Z 值。

6）刀具补偿值的输入操作

数控铣床在程序运行时将刀具当做一个点做轨迹运动,数控编程时,按照工件轮廓进行的,不需要考虑刀具偏离工件的数值,也不需要考虑刀具半径和磨损,简化了数控程序,这就是刀具补偿的设定操作的意义。

将操作模式旋钮旋至编辑模式,按刀偏设定键,按软键（补正）,出现如图 4-2-11（a）所

示界面,按光标移动键,将光标移至需要设定刀补的相应位置,如图4-2-11(a)所示,光标停在D01位置,输入补偿量数值,按输入键,结果如图4-2-11(b)所示。

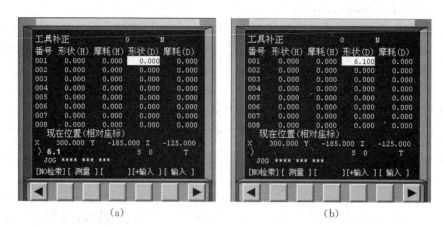

(a)   (b)

图4-2-11　数控铣床刀补设定操作

7) 空运行操作

空运行操作实际上就是查看程序的运行轨迹。在自动运行加工程序之前,需先对加工程序进行检查。空运行操作中,通过观察刀具的加工路径及其模拟轨迹,发现程序中存在的问题。空运行的进给是快速的,所以空运行操作前要实行刀具长度补偿。

将操作模式旋钮旋至自动模式,按下控制面板上的空运行键、Z轴锁住键、机床锁住键,并按下图像显示键,按循环启动按钮。

需要注意的是,一定要让工件坐标系在Z轴方向抬高,才能安全进行空运行操作,否则会以G00进给速度进行铣削,从而导致撞刀等事故发生。

4.2.4　项目实施

毛坯为70×70×18 mm板材,工件材料为45♯钢,毛坯六面已粗加工过,要求能够选择合适的夹具和刀具,并在机床上对工件进行装夹、安装刀具、建立工件坐标系、将编制好的程序输入,数控铣削出如图4-2-12所示的零件。

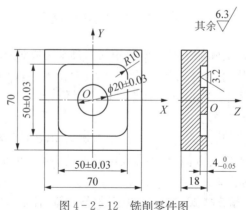

图4-2-12　铣削零件图

4.2.5　项目实训

1. 简述数控铣床的开机、关机操作步骤,并在机床上操作。
2. 数控铣床开机后如何返回机床参考点,并在机床上进行返回参考点的操作。
3. 简述数控铣削的一个零件的完整加工步骤。
4. 简述建立工件坐标系的步骤。
5. 简述查看程序运行轨迹的步骤。

4.3　项目三　数控铣削的轮廓铣削

4.3.1　项目导入

完成如图 4-3-1 所示零件的编辑与加工,毛坯尺寸为 $100 \times 80 \times 20$ mm,材料为 45♯钢。

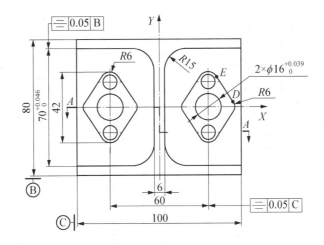

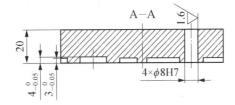

图 4-3-1　数控轮廓铣削零件图

4.3.2　项目目标

1. 知识目标

(1)掌握指令功能和辅助功能。

(2)掌握 FANUC 系统的程序编辑格式。

2. 技能目标

(1)会制定加工方案,编辑、调试、模拟加工程序。

（2）能完成数控铣削轮廓的加工。

4.3.3 项目分析

1. 准备功能 G

准备功能即 G 功能或 G 指令,是数控机床进行某种加工方式的指令,为插补运算、刀具补偿、固定循环等做好准备。G 功能用地址字 G 及其后的两位数字组成,从 G00～G99 共 100 种,如表 4-3-1 所示。

表 4-3-1 G 功能表

代码	组	意 义	代码	组	意 义
*G00	01	快速点定位	*G50	10	缩放关
G01		直线插补	G51		缩放开
G02		顺圆插补	G52	00	设置局部坐标系
G03		逆圆插补	G53		机床坐标系编程
G04	00	暂停延时	G64		切削方式
*G17	02	XY 加工平面	G66	12	模态宏程调用
G18		ZX 加工平面	G67		模态宏程调用取消
G19		YZ 加工平面	G68	16	坐标系旋转
G20	06	英制单位	G69		坐标系旋转取消
*G21		公制单位	*G54～G59	14	工件坐标系 1～6 选择
G27		返回并检查参考点	G73～G89	09	钻、镗循环
G28	00	回参考点	*G90	03	绝对坐标编程
G29		参考点返回	G91		增量坐标编程
*G40	07	刀径补偿取消	G92	00	工件坐标系设定
G41		刀径左补偿	G94	10	每分进给
G42		刀径右补偿	G95		每转进给
G43	08	刀长正补偿	G98	04	回初始平面
G44		刀长负补偿	*G99		回参考平面
*G49		刀长补偿取消			

说明:表内 00 组为非模态指令,只在本程序段内有效。其他组为模态指令,一次指定后持续有效,直到碰到本组其他代码。标有 * 的 G 代码为数控系统通电启动后的默认状态。

1）坐标值编程指令 G90、G91

（1）绝对坐标编程:G90 指定尺寸值为绝对尺寸。

编程格式:G90 G00/G01 X＿＿＿ Y＿＿＿ Z＿＿＿;

（2）相对坐标编程:G91 指定尺寸值为增量尺寸。

编程格式:G91 G00/G01 X＿＿＿ Y＿＿＿ Z＿＿＿;

（3）混合编程:绝对尺寸的尺寸字的地址符用 X、Y、Z;增量尺寸的尺寸字的地址符用 U、V、W。这是一对模态指令,在同一程序段内只能用一种,不能混用。

2）米制与英制编程指令 G20、G21

编程输入 G21 指令,其输入单位是米制,编程输入 G20 指令,其输入单位是英制。米制与英制的 G 代码切换,要在程序开始设定工件坐标系之前,用单独的程序段指令指定。

3）模态与非模态

功能指令 G 代码按其功能不同分为若干组,G 代码有两种,模态和非模态 00 组的 G 代码属于非模态,又称为一次性 G 代码,只能被指令的程序段中起作用,其余组的代码均为模态 G 代码。

4）小数点编程

数控铣床系统允许使用数值小数点输入,对于表示距离、时间和速度单位的指令值使用,基本含义与数控车床类似。

2. 辅助功能 M

辅助功能用地址字 M 及两位数字表示,即 M 功能或 M 指令,用来指令机床用来指令数控机床辅助装置的接通与断开,如主轴的启停、主轴的正反转等,常用功能指令如表 4-3-2 所示。

表 4-3-2　M 功能表

代码	模态	意义	代码	模态	意义
M00	非模态	程序停止	M08	模态	冷却液开
M02		程序结束	M09		冷却液关
M03	模态	主轴顺时针旋转	M30	非模态	程序结束并返回到程序起点
M04		主轴逆时针旋转	M98	模态	调用子程序
M05		主轴停止	M99		子程序调用取消
M06	非模态	换刀			

3. 其他功能 F、S、T

进给功能代码 F,主要是用于控制刀具相对于工件的进给速度。主轴功能代码 S,主要是用于控制带动刀具旋转的主轴的转速。刀具功能代码 T,与数控车床功能相似。刀具补偿功能代码 D,表示刀具补偿号,它用 D 表示半径补偿,用 H 表示长度补偿代码及其后面的两位数字表示,该两位数字为存放刀具补偿量的存储器地址字。

4. 程序中常用字母的含义

编程中常用的字母代码与含义如表 4-3-3 所示。

表 4-3-3　常见的字母代码及含义

功能	字母代码	含　义
程序号	O	表示程序名代号(1~9999)
程序段号	N	表示程序段代号(1~9999)

功能	字母代码	含　义
准备机能	G	确定移动方式等准备功能
坐标字	X、Y、Z、A、C	坐标轴移动指令（±99 999.999 mm）
	R	圆弧半径（±99 999.999 mm）
	I、J、K	圆弧圆心坐标（±99 999.999 mm）
进给功能	F	表示进给速度（1～1 000 mm/min）
主轴功能	S	表示主轴转速（0～9 999 r/min）
刀具功能	T	表示刀具号（0～99）
辅助功能	M	冷却液开、关控制等辅助功能（0～99）
偏移号	H	表示偏移代号（0～99）
暂停	P、X	表示暂停时间（0～99 999.999 s）
子程序号及子程序调用次数	P	子程序的标定及子程序重复调用次数设定（1～9 999）
宏程序变量	P、Q、R	变量代号

5. 加工程序的结构与格式

一个完整的加工程序由程序名,程序内容和程序结束三部分组成,如下所示:

O0001；　　　　　　　　　　　　　　程序名

N10　G94　G54　G90　G21；　　　　程序内容

N20　M03　S300；　　　　　　　　　⋮

N30　…；　　　　　　　　　　　　　⋮

N100　G00　X100　Y100　Z50；　　　程序内容

N110　M30；　　　　　　　　　　　　程序结束

6. 铣削用量的选择

铣削用量的选择对铣削的加工精度、改善加工表面质量和提高生产率有密切的关系。

(1) 铣削速度 V_c,单位是 m/min,指的是铣削时铣刀刀刃上选定点在主运动中的线速度。

$$V_c = \pi dn/1\,000$$

其中:d 表示铣刀直径,单位是 mm;

n 表示铣刀转速,单位是 r/mim。

(2) 进给量 V_f,铣刀在进给运动方向上的相对工件的单位位移量。

$$V_f = nZF_z$$

其中:F_z 表示每个刃的进给速度,单位是 mm/z;

Z 表示铣刀齿数。

(3) 背吃刀量 a_p,又称铣削深度,指在平行于铣刀轴线方向测量的切削层尺寸。粗铣时为 3 mm 左右,精铣时为 0.3～1 mm。

（4）侧吃刀量 a_e，在垂直于铣刀轴线方向和工件进给方向上测得的铣削层尺寸。铣削时铣削方法和铣刀不同，a_e 与 a_p 也不同。

常用的铣刀铣削速度如表 4-3-4 所示，常用的铣刀进给速度如表 4-3-5 所示。

表 4-3-4　铣刀铣削速度（m/mim）

工件材料	铣刀材料					
	碳素钢	高速钢	超高速钢	合金钢	碳化钛	碳化钨
铸铁（软）	10～20	15～20	18～25	28～40		75～100
铸铁（硬）		10～15	10～20	18～28		45～60
可锻铸铁	10～15	20～30	25～40	35～45		75～110
低碳钢	10～14	18～28	20～30		45～70	
中碳钢	10～15	15～25	18～28		40～60	
高碳钢		10～15	12～20		30～45	
合金钢					35～80	
高速钢			15～25		45～70	

表 4-3-5　各种铣刀进给速度（mm/z）

工件材料	平铣刀	面铣刀	圆柱铣刀	端铣刀	成形铣刀	高速钢镶刃刀	硬质合金镶刃刀
铸铁	0.2	0.2	0.07	0.05	0.04	0.3	0.1
可锻铸铁	0.2	0.15	0.07	0.05	0.04	0.3	0.09
低碳钢	0.2	0.2	0.07	0.05	0.04	0.3	0.09
中高碳钢	0.15	0.15	0.06	0.04	0.03	0.2	0.08
铸钢	0.15	0.1	0.07	0.05	0.04	0.2	0.08

7. 轮廓铣削相关指令

1）坐标平面选择指令（G17、G18、G19）

数控铣床坐标轴命名同数控车床相同，遵循 ISO 标准，用右手笛卡尔直角坐标系建立坐标系，如图 2-2 所示，此处不再赘述。

坐标平面规定如图 4-3-2 所示。

定义 G17 坐标平面之后，程序都是以 *XY* 平面为切削平面，本指令为模态指令。

定义 G18 坐标平面之后，程序都是以 *XZ* 平面为切削平面，本指令为模态指令。

定义 G19 坐标平面之后，程序都是以 *YZ* 平面为切削平面，本指令为模态指令。

数控系统一般默认在 *XY* 平面编程，所以在程序中可以

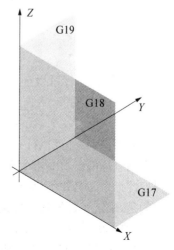

图 4-3-2　编辑平面与坐标轴

不用指定 G17。

2) 工件坐标系设定(G54~G59)

(1) 工件坐标系指令。

若在工作台上同时加工多个零件时,可以设定不同的程序零点,可建立 G54~G59 共 6 个加工工件坐标系。与 G54~G59 相对应的工件坐标系,分别称为第 1 工件坐标系至第 6 工件坐标系,其中 G54 坐标系是机床开机并返回参考点后就有的坐标系,所建立的坐标系称为第 1 工件坐标系。操作人员在安装工件后,应测量出工件坐标系原点相对于机床坐标系原点的偏置值。并写偏置存储器,执行程序段 G00 X100. Y50. Z200. 时,刀具就运动到 G54 所设工件坐标系(100,50,200)的位置。

使用 G54~G59 指令可以在预设的工件坐标系中选择一个作为当前工件坐标系。作用是指定程序自动执行加工零件时,编程坐标系原点在机械坐标系中的位置,工件编程原点偏离机床原点的方向和距离,均为模态指令。这六个工件坐标系的坐标原点在机床坐标系中的坐标值(称为零点偏置值),必须在程序运行前,从"零点偏置"界面输入。加工时,通过建立工件坐标系的方式,找到工件装夹在机械坐标系中的位置,然后把这一位置设定于相应的寄存器。一般多用于需要建立不止一个工件坐标系的场合。选择好工件坐标系后,若更换刀具,则结合刀具长度补偿指令变换 Z 向坐标即可,不必更换工件坐标系。以上坐标系指令的坐标原点在断电、重新上电后不变。如图 4-3-3 所示,为 G54~G59 所建立的工件坐标系。

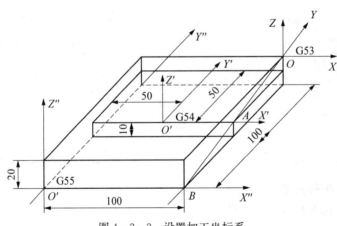

图 4-3-3 设置加工坐标系

(2) 工件坐标系设定指令 G92。

指令格式:G92 X____ Y____ Z____;

参数说明:X、Y、Z 为当前刀具位置相对于将要建立的工件原点的坐标值。

使用说明:一旦执行 G92 指令建立坐标系,后续的绝对值指令坐标位置都是此工件坐标系中的坐标值。G92 指令必须跟坐标地址字,须单独一个程序段指定且一般写在程序开始。执行此指令刀具并不会产生机械位移,只是建立一个工件坐标系。该指令为非模态指令,其目的是,确定工件的加工位置和起刀点。

(3) G92 与 G54~G59 的差别。

① 由 G54~G59 所得到的 6 个工件坐标系,可以通过 692 坐标系设定指令来移动。

② G54～G59 不像 G92 那样需要在程序段中给出预置寄存的坐标数据。G92 指令需后续坐标值指定当前工件坐标值,因此须单独使用一个程序段指定,该程序段中尽管有位置指令值,但并不产生运动。另外,在使用 G92 指令前,必须保证机床处于加工起始点,该点称为对刀点。

③ 使用 G54～G59 设定工件坐标系时,可单独指定,也可以与其他程序段指定,假如该程序中有位置指令就会产生运动。使用该指令前,先用 MDI 方式输进该坐标原点,在程序中使用对应的 G54～G59 之一,就可建立该坐标系,并可使用定位到加工起始点。

④ 机床断电后 G92 设定工件坐标系的值将不存在,而 G54～G59 设定工件坐标系的值是存在的。

3) 刀具长度补偿指令(G43、G44、G49)

使用刀具长度补偿功能,可以在当实际使用刀具与编程时估计的刀具长度有出入时,或刀具磨损后刀具长度变短时,不需重新改动程序或重新进行对刀调整,仅只需改变刀具数据库中刀具长度补偿量即可。刀具长度补偿指令有 G43、G44、G49 三个。

(1) 编程格式:

G43　G00(G01)Z＿＿＿　H＿＿＿;　　　刀具长度正补偿 G43

G44　G00(G01) Z＿＿＿　H＿＿＿;　　　刀具长度负补偿 G44

G49　G00(G01) Z＿＿＿;　　　　　　　取消刀具长度补偿

(2) 编程说明:

① 格式中的 Z 值是属于 G00 或 G01 的程序指令值,同样有 G90 和 G91 两种编程方式。

② H 为刀具长度补偿号,它后面的两位数字是刀具补偿寄存器的地址号,如 H01 是指 01 号寄存器,在该寄存器中存放刀具长度的补偿值,刀具长度补偿号可用 H00～H99 来指定。

③ 在 G17 的情况下,刀具长度补偿 G43、G44 只用于 Z 轴的补偿,而对 X 轴和 Y 轴无效。

④ 刀具长度补偿指令通常用在加工直线程序 G00 或 G01 中,使用多把刀具时,通常是每一把刀具对应一个刀具长度补偿号,下刀时使用 G43 或 G44,该刀具加工结束后提刀时使用 G49 取消刀具长度补偿,如图 4-3-4 所示。

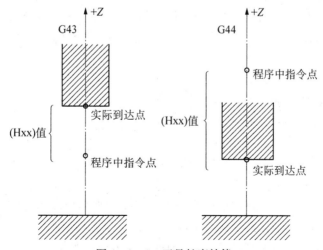

图 4-3-4　刀具长度补偿

执行 G43 时,Z 实际值＝Z 指令值＋(H xx)。

执行 G44 时,Z 实际值＝Z 指令值－(H xx)。

其中(Hxx)是指 xx 寄存器中的补偿量,其值可以是正值或者是负值。当刀具长度补偿量取负值时,G43 和 G44 的功效将互换。

⑤ 刀具半径补偿的过程分为三步。刀具补偿的建立,在刀具从起点接近工件时,刀具中心的轨迹从与编程轨迹重合过渡到与编程轨迹偏离一个偏置量的过程;刀具补偿的建立,进行刀具中心始终与变成轨迹相距一个偏置量直到刀补取消;刀具补偿的取消,刀具离开工件,刀心轨迹要过渡到与编程轨迹重合的过程。

事实上,也可先在机床之外,利用刀具预调仪精确测量每把刀具的轴向和径向尺寸,确定每把刀具的长度补偿值,然后在机床上用其中最长或最短的一把刀具进行 Z 向对刀,确定工件坐标系,这种机外刀具预调后再在机床上对刀的方法,对刀精度和效率高,便于工艺文件的编写及生产组织,但投资较大。

4) 快速点定位指令(G00)和直线插补指令(G01)

(1) 编程格式:

G90 (G91) G00 X＿＿ Y＿＿ Z＿＿;

G90 (G91) G01 X＿＿ Y＿＿ Z＿＿ F＿＿;

(2) 编程说明:

① G00 时 X、Y、Z 三轴同时,以各轴的快速进给速度从当前点开始向目标点移动,一般各轴不能同时到达终点,其行走路线可能为折线。

② G00 时轴移动速度不能由 F 代码来指定,只受快速修调倍率的影响。一般地,G00 代码段只能用于工件外部的空程行走,不能用于切削行程中。

③ G01 时,刀具以 F 指令的进给速度进行切削运动,并且控制装置还需要进行插补运算,合理地分配各轴的移动速度,以保证其合成运动方向与直线重合。G01 时的实际进给速度等于 F 指令速度与进给速度修调倍率的乘积。

④ G00、G01 移动指令既可在平面内进行,也可实现三轴联动。

5) 圆弧插补指令(G02、G03)

圆弧插补只能在某平面内进行,因此,若要在某平面内进行圆弧插补加工,必须用 G17、G18、G19 指令,事先将该平面设置为当前加工平面,否则将会产生错误警告。空间圆弧曲面的加工,事实上都是转化为一段一段的空间直线或平面圆弧而进行的。

(1) 编程格式:

G17 G90 (G91) G02 (G03) X＿＿ Y＿＿ R＿＿ (I＿＿ J＿＿) F＿＿;

G18 G90 (G91) G02 (G03) X＿＿ Z＿＿ R＿＿ (I＿＿ K＿＿) F＿＿;

G19 G90 (G91) G02 (G03) Y＿＿ Z＿＿ R＿＿ (J＿＿ K＿＿) F＿＿;

(2) 编程说明:

① "X＿＿ Y＿＿ Z＿＿"为走刀的终点坐标,"I＿＿ J＿＿ K＿＿"为起点指向圆心的向量。其中,I 表示圆心 X 坐标,即圆弧起点 X 坐标,J 表示圆心 Y 坐标,即圆弧起点 Y 坐标,Z 表示圆心 Z 坐标,即圆弧起点 Z 坐标,R 表示圆弧半径,F 表示进给速度。

② G02、G03 时编程时,刀具相对工件以 F 指令的进给速度,是从当前点向终点进行插补加工,G02 为顺时针方向圆弧插补,G03 为逆时针方向圆弧插补。圆弧走向的顺逆,是从

垂直于圆弧加工平面的第三轴的正方向看到的回转方向,顺圆弧 G02、逆圆弧 G03。即顺着垂直于圆弧平面的轴,从"+"方向往"一"方向观察,如果刀具顺时针方向切削,采用 G02;如果刀具逆时针方向切削,采用 G03,如图 4-3-5 所示。

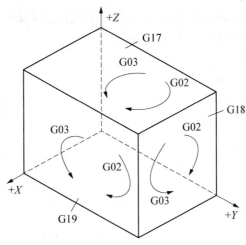

图 4-3-5 顺、逆圆弧的判断

③ 当被加工圆弧的圆心角≤180°时,R 取正值,半径 R 为无符号数;当 360°>圆心角>180°时,R 则取负值,半径 R 赋值为带符号的数,这是为了避免产生如图 4-3-6 所示的歧义。当圆心角=360°时,不能用半径编程,因为已知圆上的一点和圆的半径,可以有无数个圆,此时应采用圆心编程。

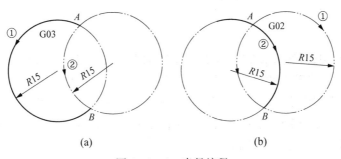

(a)	(b)

图 4-3-6 半径编程

半径编程格式:G02 (G03) X ___ Y ___ Z ___ R ___;
圆心编程格式:G02 (G03)X ___ Y ___ Z ___ I ___ J ___ K ___;

④ 圆弧插补既可用圆弧半径 R 指令编程,也可用 I、J、K 指令编程。在同一程序段中 I、J、K、R 同时指令时,R 优先,I、J、K 指令无效。X、Y、Z 同时省略时,表示起点、终点重合,若用 I、J、K 指令圆心,相当于指令了 360°的弧,若用 R 编程时,则表示指令为 0°的弧。采用圆心编程,从几何意义上,圆弧总是唯一的,因此可以编制任何弧度的圆弧。无论用绝对还是用相对编程方式,I、J、K 都为圆心相对于圆弧起点的坐标增量,为零时可省略。

6) 倒圆、倒角指令
倒圆、倒角是指在两个相邻的两直线或圆弧之间插入直线或圆弧过渡。

（1）编程格式：

倒圆指令：格式：G01 X＿＿＿ Y＿＿＿ , R＿＿＿

其中，"R＿＿＿"为写入圆角大小。

倒角指令：格式：G01 X＿＿＿ Y＿＿＿ , C＿＿＿

其中，"C＿＿＿"为写入轮廓图素交点至过渡直线的端点之间的长度，如图4-3-7示，C就是线段 $A_5 B_3(B_3 A_6)$、$A_7 B_4(B_4 A_8)$ 的长度。

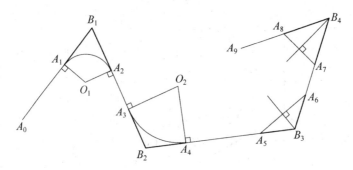

图4-3-7　圆角、直线的过渡

（2）编程说明：

① 倒圆得到的圆弧与"两个相邻的轮廓图素"都相切，如图4-3-7所示，A_1 和 A_2、A_3 和 A_4 必须是切点，才可以用到倒圆指令。

② 倒角得到的线段垂直于"两个相邻的轮廓图素"夹角的角度平分线。

③ 只能在当前编程平面中执行倒圆、倒角功能。

④ 如果其中一个轮廓图素长度不够，则在倒圆、倒角是会自动缩减编程值。

7）顺铣和逆铣

铣削加工时利用旋转的铣刀作为工具的切削加工。铣削时，刀具回转完成主运动，工件作直线或曲线进给。铣削一般分为周铣和端铣两种方式，周铣是指用刀体周边上的刀齿铣削，只有周边上的刀刃起铣削作用，铣刀的轴线平行于加工表面。端铣使用刀体端面上的刀齿铣削，周边上的刀刃和断面上的刀刃同时起作用，铣刀的轴线垂直于一个加工表面。周铣和某些不对称的端铣，又分为顺铣和逆铣。

顺铣是指铣刀对工件的作用力在进给方向上的分力与工件进给方向相同的铣削方式。逆铣是指铣刀对工件的作用力在进给方向上的分力与工件进给方向相反的铣削方式，简而言之同向顺铣，反向逆铣，如图4-3-8所示。

顺铣时，铣刀刀刃的切削厚度由最大到零，不存在滑行现象，刀具磨损较小，工件冷硬程度较轻。垂直分力向下，对工件有一个压紧作用，有利于工件的装夹。但是水平分力方向与工件进给方向相同，不利于消除工件台丝杆和螺母间的间隙，切削时振动大。但其表面光洁度较好，适合精加工。逆铣时，铣刀刀刃不能立刻切入工件，而是在工件已加工表面滑行一段距离。刀具磨损加剧，工件表面产生冷硬现象，垂直分力 Fv 对工件有一个上抬作用，不利于工件的装夹。但是水平分力 Fh 方向与工件进给方向相反，有利于消除工件台丝杆和螺母间的间隙，切削平稳，振动小。表面粗糙度较差，适合粗加工，如表4-3-6所示。

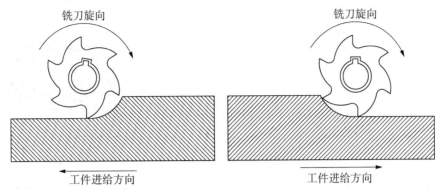

图 4-3-8　顺铣和逆铣

表 4-3-6　顺铣逆铣的对比

项目 名称	顺铣	逆铣
切削厚度	从大到小	从小到大
滑行现象	无	有
刀具磨损	慢	快
工件表面冷硬现象	无	有
对工件作用	压紧	抬起
消除丝杆与螺母间隙	否	是
振动	大	小
损耗能量	小	大
表面粗糙度	好	差
适用场合	精加工	粗加工

8) 铣削加工路线

(1) 加工路线确定原则。

在数控加工中,刀具刀位点相对于零件运动的轨迹称为加工路线。加工路线的确定与工件的加工精度和表面粗糙度直接相关,其确定原则如下:

① 加工路线应保证被加工零件的精度和表面粗糙度,且效率较高。

② 使数值计算简便,以减少编程工作量。

③ 应使加工路线最短,这样既可减少程序段,又可减少空刀时间。

④ 加工路线还应根据工件的加工余量和机床、刀具的刚度等具体情况确定。

(2) 铣削切入、切出方法。

当铣削平面零件轮廓时,一般采用立铣刀侧刃切削。刀具切入工件的外轮廓时,应避免沿零件轮廓的法向切入,而应沿外轮廓曲线延长线的切向切入,以避免在加工表面产生刀痕而影响质量,保证零件外轮廓曲线平滑过渡。同理,在切出工件时,也应避免在零件的轮廓处直接退刀,而应沿零件轮廓延长线的切向逐渐切离工件,如图 4-3-9 所示。

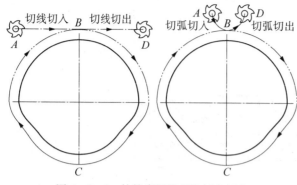

图 4-3-9 外轮廓切线(弧)切入切出

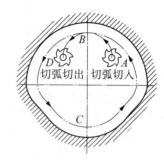

图 4-3-10 内轮廓切弧切入切出

铣削内轮廓侧面时，一般较难从轮廓曲线的切线方向切入、切出，这样应在区域相对较大的地方，用切弧切向切入和切向切出的方法进行，如图 4-3-10 所示。

(3) 凹槽切削方法选择。

在轮廓加工过程中，工件、刀具、夹具、机床系统等处在弹性变形平衡的状态下，在进给停顿时，切削力减小，会改变系统的平衡状态，刀具会在进给停顿处的零件表面留下刀痕，因此在轮廓加工中应避免进给停顿。

加工凹槽切削方法有三种，即行切法、环切法和先行切后环切法，如图 4-3-11 所示。行切法在手工编程时多用于规则矩形平面、台阶面和矩形下陷加工，对非矩形区域的行切法一般用自动编程实现。环切法主要用于轮廓的半精、精加工及粗加工，用于粗加工时，其效率比行法切低，但可方便地用刀补功能实现。三种方案中，(a)图的方案最差，其左、右侧均留有残料，(c)图的方案最好。

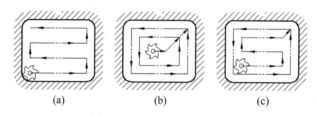

(a)   (b)   (c)

图 4-3-11 凹槽切削方法
(a) 行切法 (b) 环切法 (c) 先行切后环切法

4.3.4 项目实施

参考项目导入中的图纸，正确编写如图 4-3-12 所示零件的加工程序，并仿真加工。

1. 工艺分析

(1) 该零件毛坯为 120×80×20 的钢料。

(2) 加工零件时，注意选择好其切入点和切出点，该工件的加工在坐标(55, 35.1, -3)处作为切入点，由坐标(32.5, 0, -4)处切出。

(3) 该零件的加工需要更换刀具，更换刀具时要注意对刀具进行半径补偿和长度补偿。

(4) 加工该零件是，将工件的中心位置作为工件原点建立坐标系。选用用 $\phi 6$ 的立铣刀、采用顺铣的方式进行工件铣削。

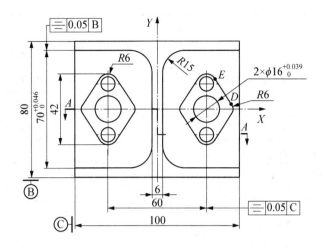

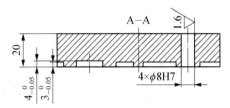

图 4 - 3 - 12　轮廓铣削零件例题图

2. 加工工艺卡

图 4 - 3 - 12 所示零件的加工工艺卡如表 4 - 3 - 7 所示。

表 4 - 3 - 7　加工工艺卡

加工工序		刀具与切削参数					
序号	加工内容	刀具规格			主轴转速（r/min）	进给率（mm/r）	刀具补偿
		刀号	刀具名称	材料			
1	外轮廓的加工	T1	立铣刀	硬质合金	500/1 200	0. 3/0. 1	01
2	孔的加工	T2	中心孔	高速钢	500/800	0. 3/0. 1	02
		T3	$\phi16$ 麻花钻	高速钢	500/800	0. 2/0. 1	03
		T4	$\phi8$ 麻花钻	高速钢	500/800	0. 2/0. 1	04

3. 加工参考程序

图 4 - 3 - 12 所示零件的加工参考程序如表 4 - 3 - 8 所示。

表 4 - 3 - 8　加工参考程序

程序段号	程序内容	程序注释
N10	O0001;	程序名
N20	G91　G28　Z0;	

程序段号	程序内容	程序注释
N30	M06　T01;	自动换刀
N40	G90　G54　G00　X0　Y0;	设置工件坐标系
N50	G43　G00　Z5.　H11;	建立长度刀补
N60	S800　M03;	主轴正传
N70	G00　X65.　Y30.;	
N80	G01　Z−3.　F30.;	
N90	G41　G01　X55.　Y35.01　D01　F60.;	建立左刀补
N100	G01　X18.;	
N110	G03　X3.　Y20.01　R15.;	走圆弧
N120	G01　Y−20.01;	
N130	G03　X18.　Y−35.01　R15.;	
N140	G01　X55.;	
N150	G40　G01　X65.　Y−30.;	取消刀补
N160	G00　Z5.;	
N170	G00　X65.　Y−15.;	
N180	G01　Z−3.　F30.;	
N190	G42　G01　X46.　Y−5.　D02　F60.;	建立右刀补
N200	G01　Y0;	
N210	G03　X44.992　Y3.328　R6.;	
N220	G01　X34.992　Y18.328;	
N230	G03　X25.008　Y18.328　R6.;	
N240	G01　X15.008　Y3.328;	
N250	G03　X15.008　Y−3.328　R6.;	
N260	G01　X25.008　Y−18.328;	
N270	G03　X34.992　R6.;	
N290	G01　X44.992　Y−3.328;	
N300	G03　X46.　Y0　R6.;	
N310	G01　Y5.;	
N320	G01　X55.　Y10.;	
N330	G40　G01　X65.　Y15.;	
N340	G01　X46.　Y17;	
N350	G01　Y29;	

（续表）

程序段号	程序内容	程序注释
N360	G01　X18.；	
N370	G01　Y20.；	
N380	G01　X9.；	
N390	G01　Y−20.；	
N400	G01　X18.；	
N410	G01　Y−29.；	
N420	G01　X46.；	
N430	G01　Y−17.；	
N440	G00　Z5.；	
N450	G00　X−65.　Y30.；	
N460	G01　Z−3.　F30.；	
N470	G42　G01　X−55.　Y35.01　D01　F60.；	
N480	G01　X−18.；	
N490	G02　X−3.　Y20.01　R15.；	
N500	G01　Y−20.01；	
N510	G02　X−18.　Y−35.01　R15.；	
N520	G01　X−55.；	
N530	G40　G01　X−65.　Y−30.；	
N540	G00　Z5.；	
N550	G00　X−65.　Y−15.；	
N560	G01　Z−3.　F30.；	
N570	G41　G01　X−46.　Y−5.　D02　F60.；	
N590	G01　Y0；	
N500	G02　X−44.992　Y3.328　R6.；	
N610	G01　X−34.992　Y18.328；	
N620	G02　X−25.008　Y18.328　R6.；	
N630	G01　X−15.008　Y3.328；	
N640	G02　X−15.008　Y−3.328　R6.；	
N650	G01　X−25.008　Y−18.328；	
N660	G02　X−34.992　R6.；	
N670	G01　X−44.992　Y−3.328；	
N680	G02　X−46.　Y0　R6.；	

数控编程与操作

程序段号	程序内容	程序注释
N690	G01 Y5. ;	
N700	G01 X−55. Y10. ;	
N710	G40 G01 X−65. Y15. ;	
N720	G01 X−46. Y17. ;	
N730	G01 Y29. ;	
N740	G01 X−18. ;	
N750	G01 Y20. ;	
N760	G01 X−9. ;	
N770	G01 Y−20. ;	
N780	G01 X−18. ;	
N790	G01 Y−29. ;	
N800	G01 X−46. ;	
N810	G01 Y−17. ;	
N820	G00 Z5. ;	
N830	G00 X30. Y−2.5;	
N840	G01 Z−4. F30. ;	
N850	G41 X38. Y0 D01 F60. ;	
N860	G03 X30. Y−8. R−8. ;	
N870	G03 X30. Y8. R8. ;	
N890	G40 G01 X27.5 Y0;	
N900	G00 Z5. ;	
N910	G00 X−30. Y−2.5;	
N920	G01 Z−4. F30. ;	
N930	G41 X−22. Y0 D01 F60. ;	
N940	G03 X−30. Y−8. R−8. ;	
N950	G03 X−30. Y8. R8.	
N960	G40 G01 X−32.5 Y0;	
N970	G00 Z100. ;	退刀
N980	G49;	取消刀具补偿
N990	M30;	程序结束

注意：该程序段只编写了零件图的轮廓铣削部分，孔加工参考项目四。

4. 注意事项

（1）工件和刀具装夹的可靠性。

（2）机床在试运行前必须进行图形模拟加工,避免程序错误,刀具碰撞工件,在模拟结束后必须再次回到机械原点后再加工。

（3）快速进刀和退刀时,要注意不要与工件发生碰撞。

（4）加工零件时将手放在"急停"按钮上,如果有紧急情侣,迅速按下"急停"按钮,防止意外发生。

5. 检测

检测内容与评分细则如表 4－3－9 所示。

表 4－3－9　检测内容与评分

工件编号				总得分			
项目与权重	序号	技术要求	配分	评分标准		检测结果	得分
工件加工(50%)	1	$\phi16^{+0.039}_{0.}$	15	超 0.01 mm 扣 2 分			
	2	$\phi70^{+0.046}_{0.}$	15				
	3	$4^{0}_{-0.05}$	10				
	4	$3^{0}_{-0.05}$	10				
程序与加工工艺(30%)	5	程序格式规范	10	每错一处扣 2 分			
	6	程序正确、完整	10	每错一处扣 2 分			
	7	切削用量正确	5	不合理每处扣 3 分			
	9	换刀点、起点正确	5	不正确全扣			
机床操作(10%)	10	机床参数设定正确	5	不正确全扣			
	11	机床操作不出错	5	每错一次扣 3 分			
文明生产(10%)	12	安全操作	5	不合格全扣			
	13	机床维护与保养	5	不合格全扣			
	14	工作场所整理	5	不合格全扣			

4.3.5　项目实训

1. 正确编写如图 4－3－13 所示零件的加工程序,并仿真加工。

2. 简述直线插补的功能,编程格式以及参数的含义。

3. 简述圆弧插补的功能,编程格式以及参数的含义。

4. 简述刀具长度补偿的编程格式,各参数的含义。

5. 简述刀具补偿的过程。

6. 简述顺铣和逆铣。

7. 简述加工路线确定的原则。

8. 简述凹槽切削有哪几种方法。

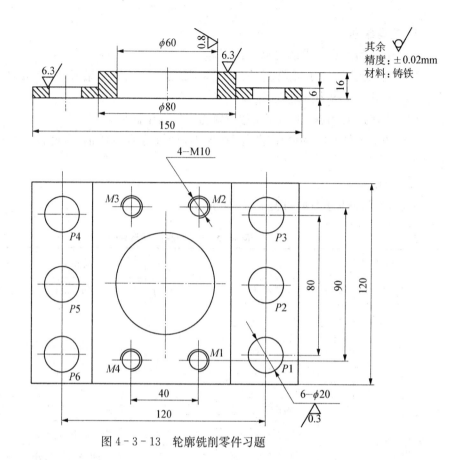

图 4-3-13 轮廓铣削零件习题

4.4 项目四 数控铣削的孔加工

4.4.1 项目导入

加工如图 4-4-1 所示的零件图,毛坯尺寸为 $100 \times 80 \times 20$ mm,材料为 45♯钢。

4.4.2 项目目标

1. 知识目标

(1)固定循环的组成。

(2)孔的加工指令。

2. 技能目标

(1)掌握孔的各种加工方法。

(2)掌握孔的固定循环指令的使用方法。

4.4.3 项目分析

1. 孔的加工方法

常用的孔的加工方法有钻孔、扩孔、铰孔、镗孔以及攻螺纹等。

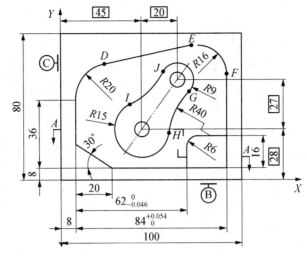

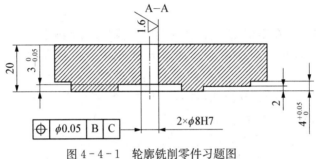

图 4-4-1　轮廓铣削零件习题图

1）钻孔

钻孔是在工件实体部位加工孔的方法，如图 4-4-2 所示。麻花钻是钻孔常用的刀具，材料一般为高速钢。钻孔属粗加工，可达到的尺寸公差等级为 IT10～IT11，表面粗糙度值为 50～12.5 μm，孔直径范围为 0.1～100 mm，孔深度范围变化也很大。由于麻花钻长度较长，钻芯的直径小而刚性差，又有横刃的影响，故钻孔时钻头容易偏斜、孔径容易扩大、表面质量较差、轴向切削力大。一般钻孔前先用中心钻点孔，用于确定的加工位置。

2）扩孔

扩孔是在钻孔的基础上做进一步加工，以扩大孔径并提高精度和降低表面粗糙度值，如图 4-4-3 所示。扩孔可达到的尺寸公差等级为 IT9～IT10，表面粗糙度值为 12.5～6.3 μm，属于孔的半精加工方法。扩孔可以作为铰孔前的预加工，也可作为精度不高的孔加工。扩孔钻刚性较好、导向性好、切屑条件较好，因此加工精度高、表面粗糙度低。

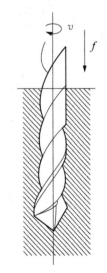

图 4-4-2　钻孔示意图

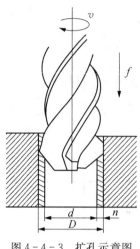

图 4-4-3 扩孔示意图

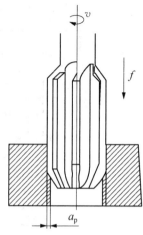

图 4-4-4 铰孔示意图

3）铰孔

铰孔是利用铰刀，在半精加工（钻孔、扩孔、粗镗孔）的基础上对孔进行精加工方法，以提高其尺寸精度和表面粗糙度值得方法，如图 4-4-4 所示。铰孔的尺寸公差等级可达 IT7～IT8，表面粗糙度值可达 3.2～0.2 μm。铰孔的铣削其余量要求很高，若余量过大，则切削温度升高，会使铰刀直径膨胀，导致孔径扩大、切屑增多、擦伤孔的表面；若余量过小，则会留下刀痕，影响表面粗糙度。因此，一般粗铰余量为 0.15～0.25 mm，精铰余量为 0.05～0.15 mm。铰孔的铣削应采用低切削速度，以免产生积屑、引起振动，一般粗铰为 4～10 m/min，精铰为 1.5～5 m/min。铰孔的铣削其精度和表面粗糙度主要不取决于机床的精度，而取决于铰刀的精度、铰刀的安装方式、加工余量、切削用量和切削液等条件。铰刀为精加工刀具，其加工直径是确定的，铰孔比精镗孔容易保证尺寸精度和形状精度，生产率也较高，但铰孔的适应性较差。

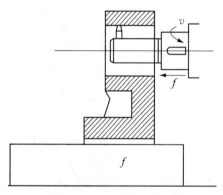

图 4-4-5 镗孔示意图

4）镗孔

镗孔是利用镗刀对已有的孔做进一步的加工，如图 4-4-5 所示。镗孔可分为粗镗、半精镗和精镗，其粗镗的尺寸公差等级为 IT13～IT12，表面粗糙度值为 12.5～6.3 μm；半精镗的尺寸公差等级为 IT10～IT9，表面粗糙度值为 6.3～3.2 μm；精镗的尺寸公差等级为 IT8～IT7，表面粗糙度值为 1.6～0.8 μm。

5）铣螺纹

铣螺纹又称攻螺纹，俗称攻丝。是用丝锥在工件孔中切削出内螺纹的加工方法。攻丝加工的螺纹多为三角螺纹，为零件间的连接结构。攻丝加工的实质是用丝锥进行成型加工，丝锥的牙型、螺距、螺旋槽形状、倒角类型、丝锥的材料、切削的材料和刀套等因素，影响内螺纹孔加工质量。

其加工的参数选择如下：

(1) 螺纹大径：$D_大 = D_{公称}$（螺纹大径的基本尺寸与公称直径 $D_{公称}$ 相同）；

(2) 中径：$D_中 = D_{公称} - 0.6495P$（P 为螺距）；

(3) 牙型高度：$H = 0.5413P$；

(4) 螺纹小径：$D_小 = D_{公称} - 1.0825P$。

2. 孔的加工指令

1) 孔加工的指令功能

在数控机床中，一般来说一个动作就应编写一个程序段。孔的加工步骤比较烦琐，如接近工件、按进给速度进行孔加工、刀具在孔底的动作、孔加工完成后的回退等。为了简化编程，节省存储空间，把孔加工过程做成固定循环，存储在 CNC 系统中。换而言之，固定循环就是只用一个指令，一个程序段，即可完成孔加工的全部固定动作动作，如表 4-4-1 所示。

表 4-4-1　FANUC 系统孔加工固定循环指令功能

G 代码	钻削（-Z）	孔底动作	回退（+Z）	用 途
G73	间歇进给	间歇进给	快速进给	钻深孔步进循环
G74	切削进给	暂停，主轴正转	切削进给	攻左旋螺纹
G76	切削进给	主轴定向停止，刀具反向偏移	快速进给	精镗孔
G80	—	—	—	取消固定循环
G81	切削进给	—	快速进给	钻通孔
G82	切削进给	暂停	快速进给	钻盲孔、锪孔
G83	间隙进给	—	快速进给	钻深孔循环
G84	切削进给	暂停，主轴反转	切削进给	攻右旋螺纹
G85	切削进给	—	切削进给	铰孔、精镗孔循环
G86	切削进给	主轴停止	快速进给	粗镗孔循环
G87	切削进给	主轴定向停止，刀具反向偏移	快速返回	反镗孔循环
G88	切削进给	暂停，主轴停止	手动操作	粗镗孔循环
G89	切削进给	暂停	切削进给	镗孔循环

2) 孔加工的指令动作

(1) 孔加工的固定循环一般是由以下 6 个动作组成，如图 4-4-6 所示。

① $A \to B$，刀具快进至孔位坐标（X、Y），即循环初始点 B。

② $B \to R$，刀具 Z 向快进至加工表面附近的 R 点平面。

③ $R \to E$，加工动作（如：钻、镗等）。

④ E 点，孔底动作（如：暂停、偏移、主轴停转、反转等）。

⑤ $E \to R$，返回到 R 点平面。

⑥ $R \to B$，返回到初始点 B。

(2) 固定循环的加工平面：如图 4-4-7 所示，为固定循环的 3 个平面。

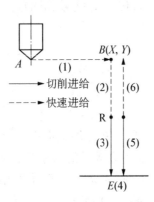

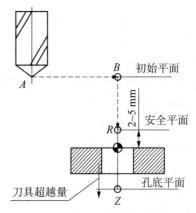

图 4-4-6　固定循环动作　　　　图 4-4-7　固定循环的平面

① 初始平面。初始点所在的与 Z 轴垂直的平面称为初始平面。初始平面是为安全走刀而规定的一个平面,加工速度为快速进给,距离工件较远。初始平面到零件表面的距离可以任意设定,当使用同一把刀具加工若干孔时,只有孔间存在障碍需要跳跃或全部孔的加工完成时,使用 G98 指令返回到初始平面上的初始点。

② R 点平面。R 点平面又叫做安全平面。R 点平面是刀具铣削孔时刀具由快速进给转化为切削进给的平面,距离加工表面较近,一般可取 2～5 mm。使用 G99 功能指令时,刀具将返回到该安全平面上的 R 点。

③ 孔底平面。加工盲孔时,孔底平面就是孔底的 Z 轴高度,加工通孔时一般刀具还要伸出工件底平面一段距离,主要是保证全部孔深都加工到尺寸,钻削加工时还应考虑钻头钻尖对孔深的影响。

孔加工固定循环与平面选择指令(G17、G18 或 G19)无关,即不管选择了哪个平面,孔加工都是在 XY 平面上定位并在 Z 轴方向上钻孔。

3) 孔加工的编程格式

孔加工的固定循环程序的编程格式为:

G90/G91　G98/G99　G73～G89　X＿＿＿　Y＿＿＿　Z＿＿＿　R＿＿＿　Q＿＿＿　P＿＿＿　F＿＿＿　K＿＿＿;

其中:G90/G91 表示绝对坐标编程和增量坐标编程指令;

G98/G99 表示返回平面指令,G98 为返回到初始平面,G99 为返回到 R 平面;

G73～G89 表示孔加工指令,如表 4-4-1 所示,为固定循环指令 G73,G74,G76 和 G81～G89 之一;

X、Y 表示孔位置坐标;

Z 表示孔底坐标,按 G90 编程时,孔底的绝对坐标值,按 G91 编程时,孔底相对 R 平面的增量坐标值;

R 表示按 G90 编程时,R 绝对坐标值,按 G91 编程时,R 为相对于初始点的增量坐标值;

Q 表示深孔钻时 Q 为每次加工的深度,精镗孔时 Q 为刀具的偏移量;

P 表示孔底暂停的时间,单位是 ms;

F 表示切削时的进给速度;

K 表示循环次数或者重复次数,最大值为 9 999,没有指定时,默认值为 1。如果 K 置为 0,则表示只储存孔加工的数据,不进行加工。

固定循环指令是模态指令,指定该指令后一直有效,需要用 G80 撤销指令。

3. 固定循环指令

FANUC 系统共有 11 种孔加工的固定循环指令,下面对其中的部分指令加以介绍。

1) 定位、钻孔固定循环 G81

（1）编程格式:

G81　X＿＿＿　Y＿＿＿　Z＿＿＿　R＿＿＿　F＿＿＿;

（2）编程说明:

① X、Y 为孔的位置,Z 为孔的深度,F 为进给速度(mm/min),R 为参考平面的高度。

② G81 一般用于中心钻的定位或者对孔的要求不高的钻孔,刀具切削时执行到孔底后快速退回。

③ 编程时可以采用绝对坐标 G90 和相对坐标 G91 编程,建议尽量采用绝对坐标编程,其动作过程如图 4-4-8 所示。

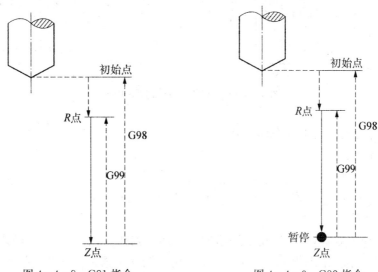

图 4-4-8　G81 指令　　　　　　图 4-4-9　G82 指令

2) 锪孔、镗阶梯孔固定循环 G82

（1）编程格式:

G82　X＿＿＿　Y＿＿＿　Z＿＿＿　R＿＿＿　P＿＿＿　F＿＿＿;

（2）编程说明:

使用刀具一般为锪孔刀、镗刀。动作为加工到孔底,有一个暂停时间,然后退出,以保证孔底的精度,如图 4-4-9 所示。注意 P 后面的数据用整数表示。

3) 钻深孔固定循环 G73、G83

（1）编程格式:

G73　X＿＿＿　Y＿＿＿　Z＿＿＿　R＿＿＿　Q＿＿＿　F＿＿＿;

G83　X＿＿＿　Y＿＿＿　Z＿＿＿　R＿＿＿　Q＿＿＿　F＿＿＿;

（2）编程说明：

G73、G83 又称啄式孔加工，采用步进进给加工方式。对于加工孔深大于 5 倍直径的孔，认为是深孔加工，不利于排屑，故采用间段进给（分多次进给），每次进给深度为 Q，最后一次进给深度 $\leqslant Q$，退刀量为 d（由系统内部设定），直到孔底为止，如图 4-4-10 所示。

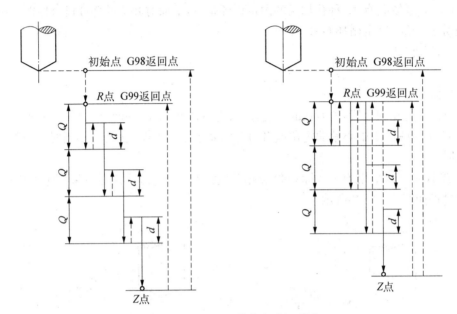

图 4-4-10　G73 指令和 G83 指令

4）铰孔、精镗孔固定循环 G85、G89

（1）编程格式：

G85　X____　Y____　Z____　R____　F____ ；

G89　X____　Y____　Z____　R____　P____　F____ ；

（2）编程说明：

这两种孔加工方式，刀具以切削进给的方式加工到孔底，然后又以切削进给的方式返回 R 点平面，因此适用于精镗孔等情况。G85 用于铰孔和精镗孔，G89 用于阶梯孔的精镗孔，并且 G98 指令在孔底增加了暂停，提高了阶梯孔台阶表面的加工质量，如图 4-4-11 所示。

5）粗镗孔固定循环 G86、G88

（1）编程格式：

G86　X____　Y____　Z____　R____　F____ ；

G88　X____　Y____　Z____　R____　P____　F____ ；

（2）编程说明：

执行 G86 指令，刀具加工到孔底后主轴停止，返回初始平面或 R 点平面后，主轴再重新启动，如图 4-4-12 所示。采用这种方式，可能出现刀具在退刀过程中在工件表面留下划痕的情况。如果连续加工的孔间距较小，可能出现刀具已经定位下一个孔加工的位置，而主轴尚未到达指定的转速。

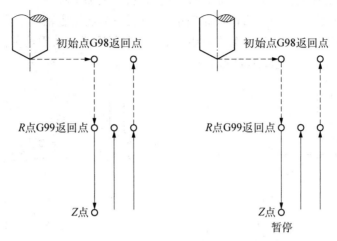

图 4 - 4 - 11　G85 指令和 G89 指令

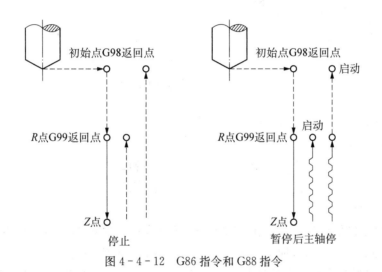

图 4 - 4 - 12　G86 指令和 G88 指令

执行 G88 指令,刀具到达孔底后先出现暂停,暂停结束后主轴停止,且系统进入进给保持状态。在此情况下,可以执行手动操作,为了安全,应先把刀具从孔中退出,再启动自动运行按钮,刀具快速返回到 R 点平面或初始点平面,然后主轴正转如图 4 - 4 - 12 所示。这种方式虽然能提高加工速度,但是加工效率较低。

6) 精镗孔固定循环 G76、G87

(1) 编程格式:

G76　X___　Y___　Z___　R___　Q___　P___　F___;

G87　X___　Y___　Z___　R___　Q___　P___　F___;(反精镗)

(2) 编程说明:

G76 和 G87 这两种指令只能用于有主轴定向停止的数控机床上,在 G76 指令中,刀具铣削至孔底后定向停止,并定向偏移一个 Q 的值后返回,如图 4 - 4 - 13 所示。在 G87 指令中,刀具到达 X 轴和 Y 轴位置定位后,主轴停止,刀具以与刀尖相反方向偏移一个 Q 的值,

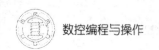

并快速运动至孔底,在该位置刀具按原偏移量返回,然后主轴正转,沿 Z 轴正向加工到 Z 点,在此位置主轴再次停止后,刀具再次按原偏移量反向位移,然后主轴向上快速移动到达初始平面,并按原偏移量返回后主轴正转,继续执行下一个程序段。采用这种循环方式,刀具只能返回到初始平面而不能返回到 R 点平面。

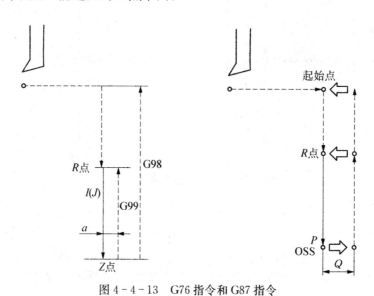

图 4-4-13　G76 指令和 G87 指令

7) 刚性攻丝固定循环 G74、G84

(1) 编程格式:

G74　X＿＿＿　Y＿＿＿　Z＿＿＿　R＿＿＿　F＿＿＿;(左螺纹)

G84　X＿＿＿　Y＿＿＿　Z＿＿＿　R＿＿＿　F＿＿＿;(右螺纹)

(2) 编程说明:

在左旋攻螺纹循环指令 G74 中,主轴反转,丝锥快速定位到螺纹加工循环起始点,沿 Z 方向快速运动到参考平面 R,加工至平面底部,主轴正传,丝锥以进给速度正转退回到参考平面 R。右旋攻螺纹循环指令 G84 与 G74 类似,只是在 G84 指令中,进给时主轴正转转,退出时主轴反转,如图 4-4-14 所示。

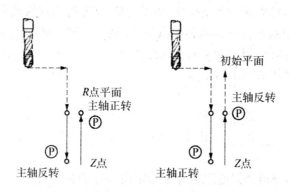

图 4-4-14　G74 指令和 G84 指令

4.4.4　项目实施

正确编写如图 4-3-1 所示零件的加工程序,并仿真加工。

1. 工艺分析

(1) 该零件毛坯为 120×80×20 mm 的钢料。

(2) 由于零件的孔加工要求较高,所以加工时要保证零件的表面质量和尺寸精度。

2. 加工工艺卡

参考项目三的项目实施的加工工艺卡。

3. 加工参考程序

图 4-3-1 所示零件的加工参考程序如表 4-4-2 所示。

表 4-4-2　加工参考程序

程序段号	程序内容	程序注释
N10	O0002;	程序名
N20	G90;	绝对值编程
N30	G54 G00 X0 Y0;	建立工件坐标系
N40	G43 G00 Z20. H12;	建立长度刀补
N50	M03 S500;	主轴正传
N60	G99 G82 X30. Y15. Z-4. R5. P1000 F30.;	钻 $\phi16$ 的孔
N70	Y-15.;	
N80	X-30.;	
N90	Y15.;	
N100	G80;	退刀
N110	G00 Z100.;	
N120	G49;	取消刀补
N130	M05;	程序结束
N140	M00;	
N150	G90;	绝对值编程
N160	G54 G00 X0 Y0;	建立工件坐标系
N170	G43 G00 Z20. H13;	建立刀补
N180	M03 S700;	
N190	G99 G73 X30. Y15. Z-24. R5. Q3. F50.;	$\phi8$ 通孔粗加工
N200	Y-15.;	

程序段号	程序内容	程序注释
N210	X−30.;	
N220	Y15.;	
N230	G80;	
N240	G00 Z100.;	
N250	G49;	
N260	M05;	
N270	M00;	
N280	G90;	
N290	G54 G00 X0 Y0;	
N300	G43 G00 Z20. H14;	
N310	M03 S160.;	
N320	G99 G85 X30. Y15. Z−24. R5. F30.;	ϕ8 的通孔精加工
N330	Y−15.;	
N340	X−30.;	
N350	Y15.;	
N360	G80;	取消固定循环
N370	G00 Z100.;	退刀
N380	G49;	取消刀补
N390	M05;	
N400	M30;	程序结束并返回

4. 检测

参考项目三的项目实施的检测。

4.4.5　项目巩固

1. 正确编写如图 4−4−15 所示零件的加工程序，并仿真加工。

2. 试写一般孔加工指令的格式。

3. 简述孔加工中各个参数的含义。

4. 简述孔的加工方法。

5. 简述固定循环指令的动作步骤。

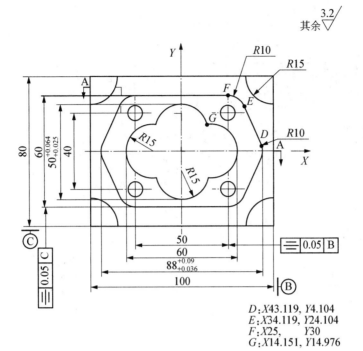

D：X43.119, Y4.104
E：X34.119, Y24.104
F：X25, Y30
G：X14.151, Y14.976

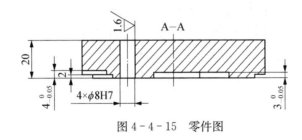

图 4 - 4 - 15 零件图

4.5 项目五 数控铣削的子程序和宏程序

4.5.1 项目导入

加工如图 4 - 5 - 1 所示的零件图。

4.5.2 项目目标

1. 知识目标

（1）熟练掌握子程序的编程。

（2）熟练掌握宏程序的编程。

2. 技能目标

（1）熟练调用子程序。

（2）熟练应用宏程序。

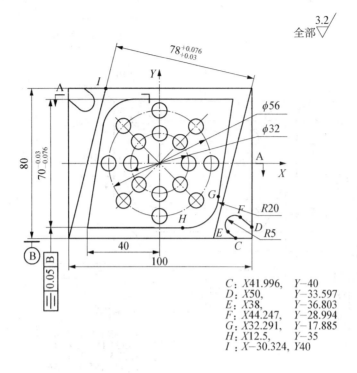

C：$X41.996$，　$Y-40$
D：$X50$，　　　$Y-33.597$
E：$X38$，　　　$Y-36.803$
F：$X44.247$，　$Y-28.994$
G：$X32.291$，　$Y-17.885$
H：$X12.5$，　　$Y-35$
I ：$X-30.324$，$Y40$

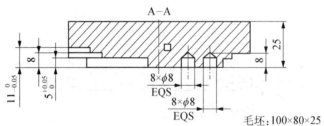

毛坯：100×80×25

图 4-5-1　子程序应用零件图

4.5.3　项目分析

1. 子程序

在编制加工程序的过程中,有时会出现有规律、重复出现的程序段,我们将程序中重复的程序段单独抽出,并按一定格式单独命名,称之为子程序。子程序使复杂程序结构明晰、编辑简单、能增强数控系统编程功能。

1) 子程序的结构

(1) 子程序是一个完整的程序,包括程序号、程序段、程序结束指令。

(2) 子程序不能单独运行,由主程序或上层子程序调用执行。

(3) 主程序以 M02 或 M30 结束程序段,子程序以 M99 结束程序段。

(4) 主程序和子程序写在一个文件中,主程序写在前,子程序写在后,两者之间空几行作为分隔。

(5) 保证主程序调用和子程序返回正确的衔接,如从某点进入子程序,返回时也固定在该点。

（6）找出重复程序段规律,确定子程序。将要变化的部分写在主程序,不变的部分作子程序。

2）子程序的编程格式

（1）调用格式:M98　P____;

调用指令,P 后共有 8 位数字,前四位为调用次数,省略时为调用一次,后四位为所调用的子程序号。如 M98 P21010,表示调用程序号 O1010 的子程序 2 次;而 M98 P1010 表示调用程序号为 O1010 的子程序 1 次。

（2）M98　P____　L____;

调用子程序指令,L 后跟重复调用的次数。

3）子程序的调用

数控铣削时,在 XY 平面有相同轮廓的图形时,采用子程序调用形式。有时候零件的切削深度比较大,可以通过子程序的调用实现零件的分层铣削。

主程序在调用子程序的时候,要注意增量编程和绝对编程两个模式之间的变换,还要注意半径补偿在主程序和子程序之间的分支,如图 4-5-2 所示。

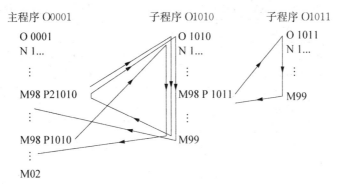

图 4-5-2　子程序的调用

4）子程序编程例题

如图 4-5-3 所示,在一块平板上加工 6 个边长为 10 mm 的等边三角形,每边的槽深为 -2 mm,工件上表面为 Z 向零点。其程序的编制就可以采用调用子程序的方式来实现（编程时不考虑刀具补偿）。

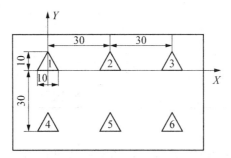

图 4-5-3　子程序调用例图

编写图 4-5-3 零件图的参考程序如表 4-5-1 所示。

表 4-5-1　参考程序表

程序段号	程序内容	程序注释
N10	O0001;	程序名
N20	G90;	绝对值编程
N30	G54 G00 X0 Y0;	建立工件坐标系
N40	G01 Z40. F2000.;	
N50	M03 S800;	主轴正传
N60	G00 Z3.;	快进到工件表面上方
N70	G01 X0 Y8.66;	到1#三角形上顶点
N80	M98 P20;	调用0020号子程序切削三角形
N90	G90 G01 X30. Y8.66;	到2#三角形上顶点
N100	M98 P20;	
N110	G90 G01 X60 Y8.66.;	到3#三角形上顶点
N120	M98 P20.;	
N130	G90 G01 X 0 Y −21.34.;	到4#三角形上顶点
N140	M98 P20.;	
N150	G90 G01 X30. Y −21.34;	到5#三角形上顶点
N160	M98 P20;	
N170	G90 G01 X60 Y −21.34;	到6#三角形上顶点
N180	M98 P20;	
N190	G90 G01 Z40 F2000;	抬刀
N200	M02;	
N210	M30;	结束程序

N10	O0020;	子程序名
N20	G91 G01 Z−2 F100;	增量方式编程,在三角形上顶点切入(深)2 mm
N30	G01 X−5 Y−8.66;	切削三角形
N40	G01 X10 Y0;	
N50	G01 X5 Y8.66;	
N60	G01 Z5 F2000;	抬刀
N70	M99;	子程序结束

2. 宏程序

数控系统为用户配备了类似于高级语言的宏程序功能,用户可以使用变量进行算术运算、逻辑运算和函数的混合运算。此外宏程序还提供了循环语句、分支语句和子程序调用语句,利于编制各种复杂的零件加工程序,减少手工编程时进行复杂的数值计算。

用户把实现某种功能的一组指令像子程序一样预先存入存储器中,用一个指令代表这个存储的程序功能,在程序中只要指定该指令就能实现这个程序功能,把这一组指令称为用户宏程序本体,简称宏程序,把代表指令称为用户宏程序调用指令,简称宏指令。在用户宏程序本体中,能使用变量,可以给变量赋值,变量间可以运算,程序运行可以跳转。用户宏程序的最大特点能够使用变量。

FANUC 0i 系统提供两种用户宏程序,即用户宏程序功能 A 和用户宏程序 B。本项目重点介绍用户宏程序 B 的相关知识。

1) 变量

宏程序的变量根据变量号分为空变量、局部变量、公用变量和系统变量四种,如表 4 - 5 - 2 所示。

表 4 - 5 - 2　宏程序变量表

变量号	变量名	说　明
♯0	空变量	该变量总是空,没有值能赋给该变量。
♯1～♯33	局部变量	局部变量只能用在宏程序中存储数据,例如,运算结果。
♯100～♯199 ♯500～♯999	公用变量	公用变量对于主程序和从这些主程序调用的每个宏程序来说是公用的。即,一个宏程序中的♯i 与另一个宏程序中的♯i 是相等的。公用变量有♯100～♯199 和♯500～♯999,♯100～♯199 在断电时清除,通电时复位到"0",♯500～♯999 即使在断电时也不清除,其值保持不变。
♯1000	系统变量	系统变量用途是固定的,用于读写 CNC 的各种数据。包括接口输入/输出信号变量、刀具偏置量、时钟信息、位置信息等。

使用宏程序时,在地址后指定变量号即可引用其变量值。变量值可以直接指定,也可以用变量表达式指定。当用变量时,变量值可用程序或用 MDI 面板操作改变。例如:♯1＝♯2－50; G01　X♯1　F300;

(1) 直接指定即用变量符号♯和后面的变量号指定。例如:♯1、♯50

(2) 用表达式指定时,表达式必须封闭在括号中。例如:♯[♯1＋♯2－50]

(3) 被引用变量的值根据地址的最小设定单位自动地舍入。

(4) 改变引用变量的值的符号,要把负号(—)放在♯的前面。例如:G00X—♯1

(5) 当引用未定义的变量时,变量及地址字都被忽略。

(6) 程序号,顺序号、任选程序段跳转号不能使用变量。

2) 运算符

(1) 算术运算符:＋, —, *, /。

(2) 条件运算符:EQ(＝), NE(≠), GT(＞), GE(≥), LT(＜), LE(≤)。

(3) 逻辑运算符:AND, OR, NOT。

(4) 函数:正弦 SIN,反正弦 ASIN,余弦 COS,反余弦 ACOS,正切 TAN,反正切 ATAN,平方根 SQRT,绝对值 ABS,舍入 ROUND,上取整 FIX,下取整 FUP,自然对数 LN,指数对数 EXP,与 OR,异或 XOR,与 AND, BIN, BCD。角度以"°(度)"指定。

(5) 表达式:用运算符连接起来的常数,宏变量构成表达式。

3) 转移和循环

在程序中,使用 GOTO 语句和 IF 语句可以改变控制的流向。有三种转移和循环操作可供使用:一种是 GOTO 语句,实现无条件转移;一种是 IF 语句,实现条件转移;一种是 WHILE 语句,实现当某时循环。

(1) 无条件转移(GOTO 语句)。

指令格式:GOTO n;

无条件地跳转到顺序号为 n 的程序段中 n 的范围是 1 到 99 999,当指定 1 到 99 999 以外的顺序号时,出现 P/S 报警。顺序号必须位于程序段的最前面。顺序号 n 也可用变量或 [〈表达式〉] 来代替。

例如,GOTO 1;表示转移到标有 N1 的程序段,执行该程序段;GOTO #10;表示转移到标有 #10 的程序段,执行该程序段。

(2) 条件转移(IF 语句)。

① 指令格式:IF [〈条件表达式〉] GOTO n;

若〈条件表达式〉成立,则跳转到顺序号为 n 的程序段中,若〈条件表达式〉不成立,则执行下个程序段。

② 指令格式:IF [〈条件表达式〉] THEN〈表达式〉;

如果条件表达式满足执行预先决定的宏程序语句,只执行一个宏程序语句。

例如,IF[#1 EQ #2]THEN #3=0;如果 #1 和 #2 的值相同,将 0 赋给 #3。

条件表达式必须包括运算符。运算符插在两个变量中间或变量和常数中间,并且用括号([])封闭。表达式可以替代变量。运算符由 2 个字母组成,用于两个值的比较,以决定它们是相等还是一个值小于或大于另一个值。注意,不能使用不等号。

运算符及其含义:EQ(=), NE(≠), GT(>), GE(≥), LT(<), LE(≤)。

例如,#j EQ #k 即 #j=#k; #j GE #k; #j≥#k;

③ 示例程序,计算数值 1~10 的总和,编程如下:

O9500;	
#1=0;	存储和的变量初值
#2=1;	被加数变量的初值
N1 IF[#2 GT 10]GOTO 2;	当被加数大于 10 时转移到 N2
#1=#1+#2;	计算和
#2=#2+#1;	下一个被加数
GOTO 1;	转到 N1
N2 M30;	程序结束

(3) 循环(WHILE 语句)。

指令格式:WHILE[〈条件表达式〉]DO m(m=1, 2, 3)

   END m

若满足〈条件表达式〉的条件时,则重复执行从 DO 到 END 之间的程序段,若不满足条件时,则执行 END 之后的程序段。DO 后的数和 END 后的数为指定程序执行范围的标号,标号值为 1, 2, 3。若用 1, 2, 3 以外的值会产生 P/S 报警 No. 126。

嵌套在 DO—END 循环中的标号(1 到 3)可根据需要多次使用。但是,当程序有交叉重复循环(DO 范围重叠)时,出现 P/S 报警 No. 124。

4）宏程序调用

用非模态调用（G65）调用宏程序。

指令格式：G65 P— L —〈自变量表〉；

其中，P 为调用程序号，L 为重复调用次数，自变量表为传递到宏变量的数据内容。非模态调用的宏程序只能在被调用后执行 L 次，程序执行 G65 后面的程序时不再调用。当指定 G65 时，以地址 P 指定的用户宏程序被调用，数据（自变量）能传递到用户宏程序体中。

任何自变量前必须指定 G65。在 G65 之后，用地址 P 指定用户宏程序的程序号。当要求重复时，在地址 L 后指定从 1 到 9 999 的重复次数。省略 L 值时，认为 L 等于 1。使用自变量指定，其值被赋值到相应的局部变量。

自变量可用两种形式的自变量指定。自变量指定Ⅰ和自变量指定Ⅱ。

自变量指定Ⅰ，使用除了 G，L，O，N 和 P 以外的字母，每个字母指定一次如表 4-5-3 所示。不需要指定的地址可以省略，对应于省略地址的局部变量为空。除了 I，J 和 K 的地址需要按字母顺序指定，其他地址不需要按字母顺序指定，但必须符合字地址的格式。

表 4-5-3 自变量指定地址Ⅰ与变量号的对于关系

地址	变量号	地址	变量号	地址	变量号
A	＃1	I	＃4	T	＃20
B	＃2	J	＃5	U	＃21
C	＃3	K	＃6	V	＃22
D	＃7	M	＃13	W	＃23
E	＃8	Q	＃17	X	＃24
F	＃9	R	＃18	Y	＃25
H	＃11	S	＃19	Z	＃26

例如，"B ___ A ___ D ___ …J ___ K ___"为正确，"B ___ A ___ D ___ …J ___ I ___"为不正确。

自变量指定Ⅱ使用 A，B，C 和 Ii，Ji 和 Ki（i 为 1～10），如表 4-5-4 所示。根据使用的字母，自动决定自变量指定的类型，用于传递诸如三维坐标值。I，J，K 的下标用于确定自变量指定的顺序，在实际编程中不写。

表 4-5-4 自变量指定地址Ⅱ与变量号的对应关系

地址	变量号	地址	变量号	地址	变量号
A	＃1	K3	＃12	J7	＃23
B	＃2	I4	＃13	K7	＃24
C	＃3	J4	＃14	I8	＃25
I1	＃4	K4	＃15	J8	＃26
J1	＃5	I5	＃16	K8	＃27
K1	＃6	J5	＃17	I9	＃28
I2	＃7	K5	＃18	J9	＃29
J2	＃8	I6	＃19	K9	＃30
K2	＃9	J6	＃20	I10	＃31
I3	＃10	K6	＃21	J10	＃32
J3	＃11	I7	＃22	K10	＃33

　　自变量指定Ⅰ、Ⅱ混合使用。CNC内部自动识别自变量指定Ⅰ和自变量指定Ⅱ。如果自变量指定Ⅰ和自变量指定Ⅱ混合指定,后指定的自变量类型有效。

　　不带小数点的自变量,其数据单位为各地址的最小设定单位。传递不带小数点的自变量,其值会根据机床实际的系统配置变化。调用可以嵌套4级,主程序是0级,宏程序每调用1次,局部变量级别加1。前1级的局部变量值保存在CNC中。当宏程序执行M99时,控制返回到调用程序。此时,局部变量级别减1,并恢复宏程序调用时保存的局部变量值。

　　例如,下列程序中,P9010表示调用O9010宏程序,L2表示调用两次,A1.0 B2.0表示把数据1.0和2.0传递到♯1、♯2变量中,即♯1=1.0、♯2=2.0。自变量与宏变量有对应关系,如A、B分别与♯1、♯2对应,实际编程时,对应关系可查阅数控系统手册。

```
O0001;
……
G65  P9010  L2  A1.0  B2.0;
……
M30;
O9010;
♯3=♯1+♯2;
If ［♯3  GT  360］GOTO  9;
G00  G91  X♯3;
N9  M99;
```

　　5) 宏程序编程过程及步骤

　　(1) 确定所需加工轮廓的公式,并将其转化为与机床相同的坐标轴。

　　(2) 根据实际情况选择一个合适的轴作为自变量,即尽量使自变量和因变量的值是一一对应关系。

　　(3) 根据图纸确定原始曲线坐标系,在原始曲线坐标系下确定曲线的开始点和终止点。

　　(4) 确定在编程过程中所使用的变量个数及变量号,将各种信息填入通用格式表中。

　　(5) 根据加工情况增加一些辅助功能,例如:冷却液的开关,语句的循环,粗加工等。

　　(6) 最后检查和调试宏程序,注意其格式,赋值和格式。

　　例如,切圆台与斜方台,各自加工3个循环,要求倾斜10°的斜主台与圆台相切,圆台在方台之上,如图4-5-4所示,表4-5-5为所编程序。

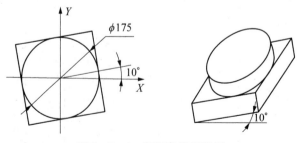

图4-5-4　宏程序编程举例

表 4-5-5 宏程序编程举例

程序内容	程序注释
％8101；	
♯10＝10.0；	圆台阶高度
♯11＝10.0；	方台阶高度
♯12＝124.0；	圆外定点的 X 坐标值
♯13＝124.0；	圆外定点的 Y 坐标值
♯701＝13.0；	刀具半径补偿值（偏大，粗加工）
♯702＝10.2；	刀具半径补偿值（偏中，半精加工）
♯703＝10.0；	刀具半径补偿值（实际，精加工）
N01 G92 X0.0 Y0.0 Z0.0；	
N02 G28 Z10 T02 M06；	自动回参考点换刀
N03 G29 Z0 S1000 M03；	单段走完此段，手动移刀到圆台面中心上
N04 G92 X0.0 Y0.0 Z0.0；	
N05 G00 Z10.0；	
♯0＝0；	
N06 G00 ［X－♯12］ Y［－♯13］；	快速定位到圆外（－♯12，－♯13）
N07 G01 Z［－♯10］ F300；	Z 向进刀－♯10 mm
WHILE ♯0 LT 3；	加工圆台
N［08＋♯0＊6］ G01 G42 X［－♯12/2］ Y［175/2］ F280.0 D［♯0＋1］；	完成右刀补，准备切削
D［♯0＋1］；	D01＝♯701；D02＝♯702；D03＝♯703
N［09＋♯0＊6］ X［0］ Y［－175/2］；	进到工件的切入点
N［10＋♯0＊6］ G03 J［175/2］；	逆时针切削整圆
N［11＋♯0＊6］ G01X［♯12/2］ Y［－175/2］；	切出工件
N［12＋♯0＊6］ G40 X［♯12］ Y［－♯13］；	取消刀补
N［13＋♯0＊6］ G00 X［－♯12］；	
♯0＝♯0＋1；	
ENDW；	循环三次后结束
N100 G01 Z［－♯10－♯11］ F300；	进给方向切削深度
♯2＝175/COS［55＊PI/180］；	方台外定点的 X 坐标
♯3＝175/SIN［55＊PI/180］；	方台外定点的 Y 坐标

（续表）

程序内容	程序注释
#4＝175＊COS[10＊PI/180]；	方台的 X 向增量值
#5＝175＊SIN[10＊PI/180]；	方台的 Y 向增量值
#0＝0；	
WHILE #0 LT 3；	加工斜方台
N[101＋#0＊6] G01 G90 G42 X[－#2] Y[－#3] F280.0 D[#0＋1]；	
N[102＋#0＊6] G91 X[＋#4] Y[＋#5]；	
N[103＋#0＊6] X[－#5] Y[＋#4]；	
N[104＋#0＊6] X[－#4] Y[－#5]；	
N[105＋#0＊6] X[＋#5] Y[－#4]；	
N[106＋#0＊6] G00 G90 G40 X[－#12] Y[－#13]；	
#0＝#0＋1；	
ENDW；	循环三次后结束
N200 G28 Z10 T00 M06；	返回参考点换刀
N201 G00 X0 Y0 M05；	
N202 M30；	程序结束

4.5.4 项目实施

用宏程序调用的方法，编写如图 4-5-5 所示零件图的程序。在本项目中，只填写宏程序调用的程序段。

1. 工艺分析

（1）该零件毛坯为 $100\times80\times25$ mm 的钢料。

（2）分析该零件可知，图中孔的位置计算起来比较麻烦，所以采用宏程序调用的方法编辑程序。

（3）图 4-5-5 中 C、D、E、F 四点形成的轮廓可以用子程序的调用编辑程序。

2. 加工工艺卡

图 4-5-5 所示零件的加工工艺卡如表 4-5-6 所示。

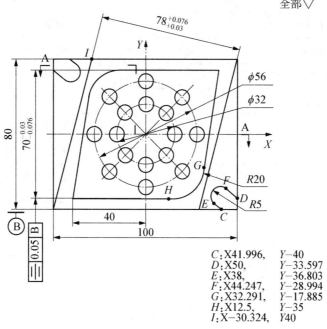

C：X41.996，　　　Y−40
D：X50，　　　　　Y−33.597
E：X38，　　　　　Y−36.803
F：X44.247，　　　Y−28.994
G：X32.291，　　　Y−17.885
H：X12.5，　　　　Y−35
I：X−30.324，　　　Y40

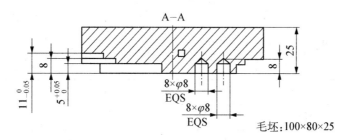

图 4-5-5　零件图

表 4-5-6　加工工艺卡

加工工序		刀具与切削参数					
序号	加工内容	刀具规格			主轴转速（r/min）	进给率（mm/r）	刀具补偿
		刀号	刀具名称	材料			
1	轮廓加工	T1	φ24 键槽铣刀	硬质合金	800	0.2	01
2		T2	φ8 键槽铣刀	硬质合金	800	0.2	02
5	孔加工	T3	φ8 钻头	高速钢	600	0.2	03

3. 加工参考程序

图 4-5-5 所示零件的加工参考程序如表 4-5-7 所示。

表 4 - 5 - 7　加工参考程序

程序段号	程序内容	程序注释
N10	O0002;	程序名
N20	G90;	绝对值编程
N30	G28;	返回参考点
N40	T03　M06;	
N50	M03　S800;	主轴正传
N60	G54　G17;	建立工件坐标系
N70	G00　Z50.　G43　H03;	建立刀具补偿
N80	#1=16;	内圈半径
N90	N10 #2=0;	初始角度
N100	N20 #3=#1*COS[#2];	计算 X 坐标
N110	#4=#1*SIN[#2];	计算 Y 坐标
N120	G81 X#3 Y#4 Z-8.;	钻孔
N130	G99 R3. F80.;	
N140	#2=#2+45;	角度每次叠加45°
N150	IF[#2LE359]GOTO20;	
N160	#1=#1+12;	半径叠加12,到外圈28
N170	IF[#1LE28]GOTO10;	
N180	G80;	
N190	G00　Z50.;	退刀
N200	M30;	结束程序

4. 检测

检测内容与评分细则如表 4 - 5 - 8 所示。

表 4 - 5 - 8　检测内容与评分

工件编号					总得分		
项目与权重	序号	技术要求	配分	评分标准		检测结果	得分
工件加工(50%)	1	$78^{+0.076}_{+0.03}$	15	超 0.01 mm 扣2分			
	2	$70^{-0.03}_{-0.076}$	15	超 0.01 mm 扣2分			
	3	$11^{0}_{-0.05}$	10	超 0.01 mm 扣2分			
	4	$5^{+0.05}_{0}$	10	超 0.01 mm 扣2分			

(续表)

工件编号					总得分		
项目与权重	序号	技术要求		配分	评分标准	检测结果	得分
程序与加工工艺(30%)	5	程序格式规范		10	每错一处扣2分		
	6	程序正确、完整		10	每错一处扣2分		
	12	切削用量正确		5	不合理每处扣3分		
	7	换刀点、起点正确		5	不正确全扣		
机床操作(10%)	8	机床参数设定正确		5	不正确全扣		
	9	机床操作不出错		5	每错一次扣3分		
文明生产(10%)	10	安全操作		5	不合格全扣		
	11	机床维护与保养		5	不合格全扣		
	12	工作场所整理		5	不合格全扣		

4.5.5　项目巩固

1. 编制一个宏程序加工轮圆上的孔。如图 $4-5-6$ 所示,圆周的半径为 I,起始角为 A,间隔为 B,钻孔数为 H,圆的中心是 (X,Y),顺时针方向钻孔时 B 应指定负值。

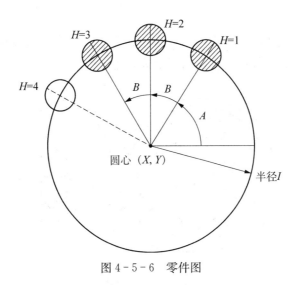

图 $4-5-6$　零件图

2. 如图 $4-5-7$ 所示,零件上有 4 个形状、尺寸相同的方槽,槽深 2 mm,槽宽 10 mm,试用子程序编程。

(1) 试写子程序的编程格式,说明格式中函数的含义。

(2) 简述子程序的结构。

(3) 简述子程序和主程序的异同。

(4) 简述宏程序的特点。

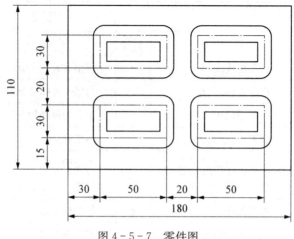

图 4 - 5 - 7 零件图

（5）简述宏程序的变量种类。

（6）简述宏程序的三种转移和循环操作。

4.6 项目六 数控铣削的比例、镜像、坐标系旋转

4.6.1 项目导入

如图 4 - 6 - 1 所示的零件图，设中间 $\phi 28$ 的圆孔、外圆 $\phi 130$ 以及外圆环槽 $\phi 120\sim\phi 40$ 已经加工完成，现需要在数控机床上铣出 7 个腰形通孔。

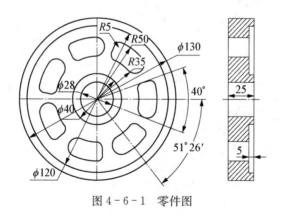

图 4 - 6 - 1 零件图

4.6.2 项目目标

1. 知识目标

（1）熟悉比例、镜像指令及其应用。

（2）熟悉极坐标旋转指令及其应用。

2. 技能目标

(1) 能够简单分析加工工艺。

(2) 能够灵活使用比例、镜像指令简化加工程序。

(3) 能够灵活使用极坐标旋转指令简化程序。

4.6.3 项目分析

1. 坐标系指令

1) 极坐标指令 G15、G16

加工的零件图中,通常情况下使用直角坐标系(X,Y,Z)进行标注,但有些尺寸会以半径和角度进行标注。如果一个工件或零件,当其尺寸以一个固定极点的半径和角度来设定或圆周分布的孔类零件,往往就使用极坐标系,可以大大减少编程计算。

在平面内由极点、极轴和极径组成的坐标系,如图 4-6-2 所示。极坐标系中,以坐标平面选择的平面作为基准平面,极点位置一般相对于当前工件坐标系的零点位置。极坐标半径 RP 是图形点到极点的距离,模态有效。极坐标角度 AP 是指与所在平面中的横坐标轴之间的夹角,该角度度逆时针是正值,顺时针是负值,模态有效。当 $RP \geqslant 0$,$0 \leqslant AP < 2\pi$ 时,平面上除极点 0 以外,其他每一点都有唯一的一个极坐标。极点的极径为零时,极角任意。

(1) 编程格式:

选择极坐标指令:G17(或 G18 或 G19)　G16　X___α___　Y___β___;

取消极坐标指令:G15;

(2) 编程说明:

① 格式中为 α 极坐标半径,β 为极坐标角度。

② 采用极坐标系编程后,以极坐标半径和角度来确定点的位置。逆时针角度为正,顺时针为负。

③ 极坐标轴的方位取决于 G17、G18、G19 指定的加工平面。当用 G17 指定加工平面时,$+X$ 轴为极轴,程序中的 X 坐标指令极半径 α,Y 坐标指令极角 β,如图 4-6-2(a)所示。当用 G18 指定加工平面时,$+Z$ 轴为极轴,程序中的 Z 坐标指令极半径 α,X 坐标指令极角 β,如图 4-6-2(b)所示。

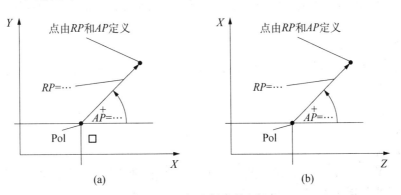

图 4-6-2　极坐标半径和极角

（3）编程举例。

如图 4-6-3 所示，零件直径为 $\phi80$，A 点、B 点和 C 点，采用极坐标描述如下：

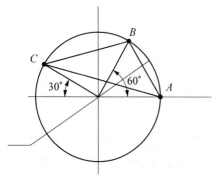

图 4-6-3　极坐标例图

A 点为 X40.0　Y0；B 点为 X40.0　Y60.0；C 点为 X40.0　Y150.0；

A 点到 B 点采用极坐标编程如下：

……

G00　X50.0　Y0；

G90　G17　G16；

G01　X40.0　Y60.0；

G15；

以工件坐标系零点作为坐标系原点，采用绝对坐标值编程，极坐标半径值为程序段终点坐标到工件坐标系原点距离，极坐标角度为程序段终点与工件坐标系原点连线与 X 轴夹角，如图 4-6-4 所示。

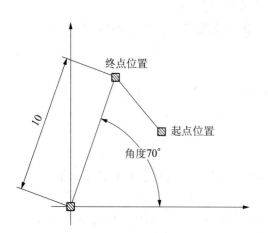

图 4-6-4　绝对编程时极坐标半径和极角

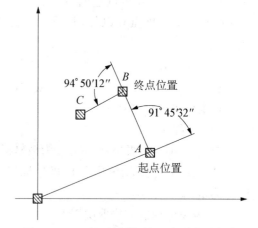

图 4-6-5　相对编程时极坐标半径和极角

以刀具当前点作为坐标系原点，采用增量值编程，极坐标半径值为程序段终点坐标到刀具起点位置距离，极坐标角度为前一坐标系原点与刀具起点位置连线与当前轨迹夹角，如图 4-6-5 所示。

2）局部坐标系 G52

在数控编程中，为了编程方便，有时需要给程序选择一个新的参考基准，会把工件坐标系偏移一个距离。

（1）编程格式：

G52　X____　Y____　Z____；

（2）编程说明：

X____　Y____　Z____是代表把在原来坐标系中的绝对坐标值点设为新坐标值的零点。取消局部坐标系为 G52　X0　Y0　Z0；

3）设置工件坐标系 G92

（1）编程指令：

G92 X＿＿＿ Y＿＿＿ Z＿＿＿；

（2）编程说明：

X＿＿＿ Y＿＿＿ Z＿＿＿ 为刀具当前位置相对于新设定的工件坐标系的新坐标值。

4）坐标旋转指令 G68、G69

使用坐标系旋转功能可以将一个编程图形进行旋转，即将一个编程图形从原位置旋转某一角度。当一个图形由若干个相同形状的图形组成，且分布在同一圆周时，只要编写其中一个形状的程序并进行旋转，就可以得到其他形状的图形。这就是坐标系旋转功能，如图 4-6-6 所示。

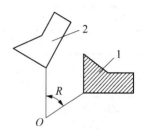

图 4-6-6　坐标旋转示意图

（1）编程格式：

G17 G68 X＿＿＿ Y＿＿＿ R＿＿＿；

G18 G68 X＿＿＿ Z＿＿＿ R＿＿＿；

G19 G68 Y＿＿＿ Z＿＿＿ R＿＿＿；

G69；

（2）编程说明：

X、Y、Z 为旋转中心的坐标值，R 为旋转角度，逆时针为正，顺时针为负。G68、G69 为模态指令可相互注销，G69 为缺省值，取消坐标旋转用 G69。如果省略（X，Y），则以程序原点为旋转中心。

（3）编程举例。

如图 4-6-7 所示零件，采用旋转变换处理，分别将图中①旋转 90°、180°、270°，得到整个零件图。其程序如表 4-6-1 所示。

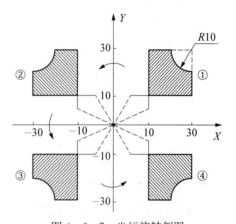

图 4-6-7　坐标旋转例图

表 4-6-1　旋转加工编程

程序段号	程序内容	程序注释
N10	O0009；	主程序名
N20	G92 X0 Y0 Z25；	建立新的工件坐标系
N30	G90 G17 G00 Z5 M03；	
N40	M98 P0100；	调用子程序
N50	G68 X0 Y0 R90；	坐标系旋转 90°
N60	M98 P0100；	
N70	G69；	取消坐标系旋转
N80	G68 X0 Y0 R180；	坐标系旋转 180°
N90	M98 P0100；	
N100	G69；	

（续表）

程序段号	程序内容	程序注释
N110	G68 X0 Y0 R270;	坐标系旋转 270°
N120	M98 P0100;	
N130	G69;	
N140	G00 Z25;	抬刀
N150	M05 M30;	程序结束
N10	O0100;	子程序名
N20	G00 G41 X10 Y4 D01;	建立刀补
N30	G01 Z−28 F200;	
N40	Y30;	
N50	X20;	
N60	G03 X30 Y20 I10 J0;	编辑图 4−6−8 中的①图
N70	G01 Y10;	
N80	X5;	
N90	G00 Z5;	抬刀
N100	G40 X0 Y0;	取消刀补
N110	M99;	子程序结束

在有刀具补偿的情况下，是先进行坐标旋转，然后才进行刀具半径补偿、刀具长度补偿。在有缩放功能的情况下，是先缩放，再旋转。在有些数控机床中，缩放、镜像和旋转功能的实现是通过参数设定来进行的，不需要在程序中用指令代码来实现。

2. 比例 G51、G50

使用缩放指令可实现用同一个程序加工出形状相同，但尺寸不同的工件，如图 4−6−9 所示。

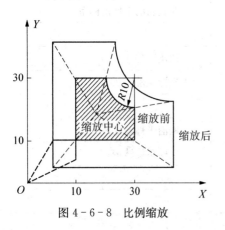

图 4−6−8 比例缩放

1）编程格式

G51 X____ Y____ Z____ P____;

G50;

2）编程说明

（1）X、Y、Z 是缩放中心的绝对坐标值，P 后跟缩放倍数。

（2）G51 既可指定平面缩放，也可指定空间缩放。G50 是缩放取消指令。

3）编程举例

如图 4−6−8 所示零件，采用比例缩放处理，缩放中心坐标为(15,15)将阴影部分的图形扩大两倍。其加工程序如表 4 - 6 - 2 所示。

表 4 - 6 - 2　比例缩放编程

程序段号	程序内容	程序注释
N10	O0009;	主程序名
N20	G92　X0　Y0　Z25.;	建立新的工件坐标系
N30	G90　G17.;	
N40	G00　Z5.;	
N50	M03　S800;	
N60	G01　Z－18.　F100.;	
N70	M98　P0100	调用子程序
N80	G01　Z－28.;	
N90	G51　X15.　Y15.　P2;	以(15,15)为中心,扩大两倍
N100	M98　P0100;	
N110	G50;	取消缩放
N120	G01　Z25.;	抬刀
N130	M05;	
N140	M30;	程序结束

程序段号	程序内容	程序注释
N10	O0100;	子程序名
N20	G00　G41　X10.　Y4.　D01;	建立刀补
N30	G01　Y30.;	
N40	X20.;	
N50	G03　X30.　Y20.　I10.　J0;	编辑图 4 - 6 - 9 中的阴影部分
N60	G01　Y10.;	
N70	X5.;	
N80	G00　Z5.;	抬刀
N90	G40　X0　Y0;	取消刀补
N100	M99;	子程序结束

3. 镜像 G50. 1、G51. 1

当零件图中的工件具有相对于某一轴对称的形状时,可以利用镜像功能和子程序调用的方法,只对工件的一部分进行编程,就能加工出工件的整体,这就是镜像功能。当某一轴的镜像有效时,该轴执行与编程方向相反的运动。

1) 编程格式

G50. 1　X＿＿＿　Y＿＿＿　Z＿＿＿;　　　　　镜像设置开始

G51.1 X＿＿ Y＿＿ Z＿＿；　　　取消镜像设置

2）编程说明

（1）当采用绝对编程方式时，如 G50.1 X－9.0，表示图形将以 X＝－9.0 且平行于 Y 轴的直线作为对称轴。G50.1 X6.0 Y4.0 表示先以 X＝6.0 对称，然后再以 Y＝4.0 对称，两者综合结果即相当于以点（6.0，4.0）为对称中心的原点对称图形。某轴对称一经指定，持续有效，直到执行 G51.1 指令才取消。

（2）当用增量编程时，镜像坐标指令中的坐标数值没有意义，所有的对称都是从当前执行点处开始的。

4.6.4 项目实施

如图 4－6－1 所示的零件图，设中间 $\phi28$ 的圆孔、外圆 $\phi130$ 以及外圆环槽 $\phi120\sim\phi40$ 已经加工完成，现需要在数控机床上铣出 7 个腰形通孔。

1. 工艺分析

（1）由零件图可知，该零件剩余部分的铣削，需要采用子程序调用和坐标系旋转的编程方式。

（2）保证零件的表面质量和尺寸精度。

2. 加工工艺卡

图 4－6－1 所示零件的加工工艺卡如表 4－6－3 所示。

表 4－6－3　加工工艺卡

加工工序				刀具与切削参数			
序号	加工内容	刀具规格			主轴转速 （r/min）	进给率 （mm/r）	刀具补偿
		刀号	刀具名称	材料			
1	腰形通孔	T1	$\phi8$ 立铣刀	硬质合金	800	0.3	01

3. 加工参考程序

以正右方的腰形槽为基本图形编程，并且在深度方向上分 3 次进刀切削，其余 6 个槽孔则通过旋转变换功能铣出，如图 4－6－9 所示。

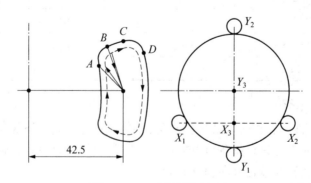

图 4－6－9　腰形槽示意图

其中，$A(34.128, 7.766)$、$B(37.293, 3.574)$、$C(42.024, 15.296)$、$D(48.594,$
$11.775)$。加工参考程序如表 4-6-4 所示。

表 4-6-4　加工参考程序

程序段号	程序内容	程序注释
N10	O0001;	程序名
N20	G92 X0 Y0 Z25.0;	建立工件坐标系
N30	G90 G17 G43 G00 Z5.0 H01;	建立刀补
N40	M03 S800;	主轴正传
N50	G00 X25.0;	
N60	G01 Z5.0 F150;	
N70	……	
N80	M98 P0100;	调用子程序
N90	G68 X0 Y0 P51.43;	旋转 51.43°
N100	M98 P0100;	调用子程序
N110	G69;	取消旋转
N120	…G68 X0 Y0 P102.86…;	旋转 102.86°
N130	…G68 X0 Y0 P154.29…;	旋转 154.29°
N140	…G68 X0 Y0 P205.72…;	旋转 205.72°
N150	…G68 X0 Y0 P257.15…;	旋转 257.15°
N160	…G68 X0 Y0 P308.57…;	旋转 308.57°
N170	M98 P0100;	
N180	G69;	取消旋转
N190	G00 Z25.0;	抬刀
N200	M30;	结束程序

程序段号	程序内容	程序注释
N10	O0100;	子程序名
N20	G00 X42.5;	
N30	G01 Z12.0 F100;	
N40	M98 P0110;	子程序的嵌套调用
N50	G01 Z20.0 F100;	
N60	M98 P0110;	抬刀
N70	G01 Z28.0 F100;	子程序结束
N80	M98 P0110;	
N90	G00 Z5.0;	抬刀
N100	X0 Y0;	退刀
N110	M99;	子程序结束

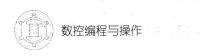
N10	O0110;	二级子程序名
N20	G01 G42 X34.128 Y7.766 D04;	
N30	G02 X37.293 Y13.574 R5.0;	
N40	G01 X42.024 Y15.296;	
N50	G02 X48.594 Y11.775 R5.0;	
N60	G02 Y−11.775 R50.0;	腰形槽的编程
N70	G02 X42.024 Y−15.296 R5.0;	
N80	G01 X37.293 Y−3.574;	
N90	G03 X34.128 Y7.766 R35.0;	
N100	G02 X37.293 Y13.574 R5.0;	
N110	G40 G01 X42.5 Y0;	取消刀补
N120	M99;	嵌套子程序结束

4. 检测

检测内容与评分细则如表 4 − 6 − 5 所示。

表 4 − 6 − 5　检测内容与评分

工件编号				总得分		
项目与权重	序号	技术要求	配分	评分标准	检测结果	得分
工件加工（50%）	1	φ28 通孔	15	尺寸偏差扣 3 分		
	2	腰形槽	15	尺寸偏差扣 3 分		
	3	φ130 的外圆	10	尺寸偏差扣 3 分		
	4	φ120φ40 外圆环槽	10	尺寸偏差扣 3 分		
程序与加工工艺（30%）	5	程序格式规范	10	每错一处扣 2 分		
	6	程序正确、完整	10	每错一处扣 2 分		
	12	切削用量正确	5	不合理每处扣 3 分		
	7	换刀点、起点正确	5	不正确全扣		
机床操作（10%）	8	机床参数设定正确	5	不正确全扣		
	9	机床操作不出错	5	每错一次扣 3 分		
文明生产（10%）	10	安全操作	5	不合格全扣		
	11	机床维护与保养	5	不合格全扣		
	12	工作场所整理	5	不合格全扣		

4.6.5　项目巩固

1. 用 $\phi12$ 的立铣刀铣削三圆槽,刀具中心轨迹如图 4 - 6 - 10 所示。已知大圆直径 50,其余二圆直径分别是大圆的 0.6 倍和 0.4 倍,槽深 4 mm。试用图形缩放功能编程。

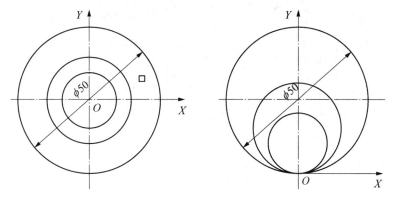

图 4 - 6 - 10　零件图

2. 简述坐标系旋转的指令格式,以及各参数的含义。
3. 简述比例缩放的指令格式,以及各参数的含义。
4. 简述镜像的指令格式,以及各参数的含义。
5. 简述怎么设置局部坐标。
6. 简述极坐标系采用绝对编程和相对编程的异同。

4.7　项目七　数控铣削综合项目实训

4.7.1　项目导入

加工如图 4 - 7 - 1 所示的零件。

通过数控铣削综合项目的训练,能够掌握简单平面类零件的加工工艺分析以及刀具、切削用量、工件夹具的选择,培养数控编程的综合能力。

4.7.2　项目目标

1. 知识目标

(1) 看懂零件图纸。

(2) 正确选择刀具、夹具以及切削用量。

(3) 内外轮廓加工走刀路线。

(4) 掌握编程的指令格式以及指令中各参数的含义。

(5) 熟练运用子程序调用、宏程序调用和比例缩放简化程序的编辑。

2. 技能目标

(1) 熟练仿真零件。

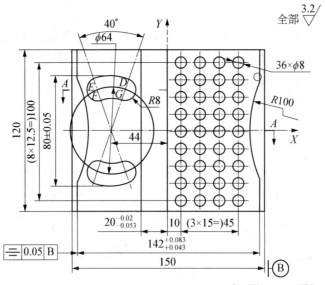

C: X71,   Y39
D: X−30.319, Y37.588
E: X−57.681, Y37.588
F: X−52.208, Y22.553
G: X−35.792, Y22.553

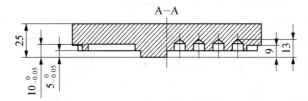

图 4-7-1　综合实训零件图

（2）熟练操作机床加工工件。

（3）能够选择合适的量具测量工件尺寸。

4.7.3　项目实训

1. 综合铣削实训(一)

1）零件图

加工如图 4-7-2 所示的零件。

2）加工工艺分析

图 4-7-2　所示的零件加工工艺卡如表 4-7-1 所示。

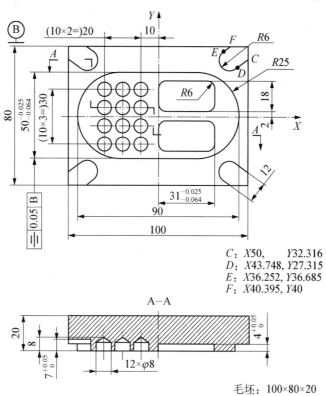

C：X50,　　Y32.316
D：X43.748, Y27.315
E：X36.252, Y36.685
F：X40.395, Y40

毛坯：100×80×20

图 4-7-2　零件图

表 4-7-1　加工工艺卡

刀具表	
T01	ϕ24 键槽铣刀
T02	ϕ10 键槽铣刀
T03	ϕ12 键槽铣刀
T04	ϕ8 钻头

切削用量		
	粗加工	精加工
主轴速度 S	600/1 000 rpm	800/1 200 rpm
进给量 F	(120)150 mm/min	(80)120 mm/min
切削深度 a_p	2.8 mm	0.2 mm

第一步,铣削外轮廓,合理选择切入切出点,如图 4-7-3 所示。

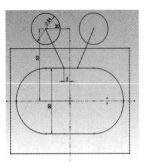

图 4 - 7 - 3　第一步

第二步,铣削四角的 U 型槽,可采用坐标系旋转和子程序调用的方法编程,如图 4 - 7 - 4 所示。

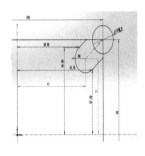

图 4 - 7 - 4　第二步

第三步,加工内轮廓槽,可采用镜像和子程序调用的方法编程,如图 4 - 7 - 5 所示。

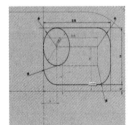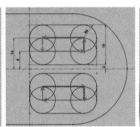

图 4 - 7 - 5　第三步

第四步,采用宏程序调用的方法钻孔,如图 4 - 7 - 6 所示。

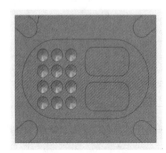

图 4 - 7 - 6　第四步

3) 参考程序

图 4-7-2 所示零件的加工程序如表 4-7-2 所示。

表 4-7-2　加工程序

加工程序	程序注释
O0001；	主程序名(参考程序)
G91　G28　Z0；	增量编程
M06　T01；	φ24 键槽铣刀
G90　G54　G00　X0　Y0；	
G43　G00　Z5.　H11；	建立长度刀补
M03　S800；	
G00　X-60.　Y-50.；	快速定位
G01　Z-4.　F30.；	
G41　G01　X-45.　Y-40.　D01　F60.；	建立左刀补
G01　Y22.；	
G02　X-26.732　Y27.625　R10.；	
G03　X-21.771　Y25.　R6.；	
G01　X21.771；	
G03　X26.732　Y27.625　R6.	
G02　X45.　Y22.　R10.；	
G01　Y-22.；	
G02　X26.732　Y-27.625　R10.；	
G03　X21.771　Y-25.　R6.；	
G01　X-21.771；	
G03　X-26.732　Y-27.625　R6.；	
G02　X-45.　Y-22.　R10.；	
G01　Y50.；	
G40　G01　X-50.　Y60.；	
G01　X-50.　Y40.；	
G01　X-24.；	
G01　Y36.；	
G01　X24.；	
G01　Y40.；	
G01　X52.；	
G01　Y-40.；	
G01　X24.；	

（续表）

加工程序	程序注释
G01 Y－36.；	
G01 X－24.；	
G01 Y－40.；	
G01 X－52.；	
G00 Z5.；	
G00 X－60. Y0.；	
G01 Z－2. F30.；	
G41 G01 X－52. Y－10. D02 F60.；	
G01 X－37.5；	
G03 X－37.5 Y10. R10.；	
G01 X－52.；	
G40 G01 X－60. Y0.；	
G01 X－37.5	
G00 Z5.；	
G00 X60. Y0.；	
G01 Z－2. F30.	
G42 G01 X52. Y－10. D02 F60.；	
G01 X37.5；	
G02 X37.5 Y10. R10.；	
G01 X52.；	
G40 G01 X60. Y0.；	
G01 X37.5	
G00 Z5.；	
G00 X0. Y0；	
G01 Z－3. F30.；	
G42 G01 X20.981 Y5.207 D02 F60.；	
G02 X20.981 Y－5.207 R6.；	
G01 X3.975 Y－14.943；	
G02 X－3.975 Y－14.943 R8.；	
G01 X－20.981 Y－5.207；	
G02 X－20.981 Y5.207 R6.；	
G01 X－3.975 Y14.943；	
G02 X3.975 Y14.943 R8.；	
G01 X20.981 Y5.207；	

加工程序	程序注释
G02　X20.981　Y−5.207　R6.；	
G40　G01　X0.　Y0；	
G01　X5.；	
G02　X5.　Y0　I−5.；	
G00　Z100.；	
G49；	
M05；	
M00；	
G90；	
G54　G00　X0　Y0；	
G43　G00　Z20.　H12；	
S2500　M03；	
G99　G82　X18.　Y0　Z−8.　R5.　P1000　F30.；	钻孔
X−18.；	
G80；	
G00　Z100.；	
G49；	
M05；	
M00；	
G90；	
G54　G00　X0　Y0；	
G43　G00　Z20.　H13；	
S700　M03；	
G99　G73　X18.　Y0　Z−24.　R5.　Q3.　F50.；	
X−18.；	
G80；	
G00　Z100.；	
G49；	
M05；	
M00；	
G90；	
G54　G00　X0　Y0；	
G43　G00　Z20.　H14；	
S160　M03；	

（续表）

加工程序	程序注释
G99 G85 X18. Y0 Z−24. R5. F30.;	
X−18.;	
G80;	
G00 Z100.;	
G49;	
M05;	
M30;	

2. 综合铣削实训（二）

1）零件图

加工如图 4-7-7 所示的零件。

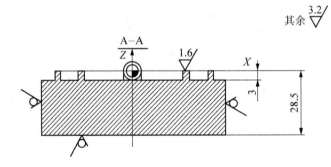

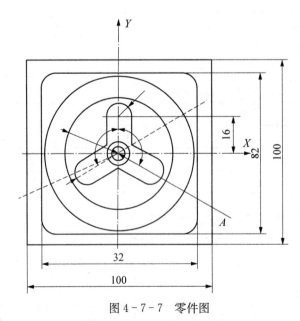

图 4-7-7　零件图

2) 加工工艺分析

图 4-7-7 所示的零件加工工艺卡如表 4-7-3 所示。

表 4-7-3　加工工艺卡

刀具表	
T01	$\phi80$ 面铣刀
T02	$\phi16$ 圆柱立铣刀
T03	$\phi8$ 键槽铣刀

切削用量		
	粗加工	精加工
主轴速度 S	600/1 000 r/min	800/1 200 r/min
进给量 F	(120)150 mm/min	(80)120 mm/min
切削深度 a_p	2.8 mm	0.2 mm

3) 加工参考程序

图 4-7-7 所示零件的加工参考程序如表 4-7-4 所示。

表 4-7-4　加工参考程序

程序段号	加工程序	程序注释
	O0001;	主程序名($\phi80$ 面铣刀铣平面)(参考程序)
N10	G54　S600　M03　T01;	设定工件坐标系,主轴正转转速为 600 r/min
N20	G00　X-100　Y-15;	快速移动点定位
	Z0.2;	快速下降至 Z0.2 mm
N30	G01　X100　F120;	直线插补粗铣平面
	Y60　F2000;	直线移动定位
	X-100　F120;	直线插补粗铣平面
	X-100　Y-15　F2000;	直线移动定位
	Z0;	直线移动下降至 Z0 mm
N40	S800　M03;	精铣主轴正转转速为 800 r/min
N50	G01　X100　F80;	直线插补精铣平面
	Y60　F2000　X-100　F80;	直线移动定位,直线插补精铣平面
N60	G00　Z100　X-100　Y0;	快速抬刀
N70	M05;	主轴停止
N80	M30;	程序结束返回程序头

程序段号	加工程序	程序注释
	O0002；	主程序名（$\phi 8$ 键槽铣刀铣内圆、铣内槽）
N10	G55 S1000 M03 T02；	设定工件坐标系，主轴正转转速为 1 000 r/min
N20	G00 X28 Y0 Z10；	快速移动点定位
N30	G01 Z−2.8 F100；	下降至 Z−2.8 mm
N40	G02 I−28 J0；	顺时针圆弧插补铣圆
N50	G01 Z−3；	直线插补下降至 Z−3 mm
N60	S1200 M03；	主轴正转转速为 1 200 r/min
N70	G02 I−28 J0 F60；	顺时针圆弧插补铣圆
N80	G00 Z10 X0 Y0；	抬刀，XY 返回工件原点
N90	S1000 M03；	主轴正转转速为 1000 r/min
N100	M98 P0022；	调用子程序铣一个人字内槽
N110	G68 X0 Y0 R120；	坐标旋转 120°
N120	M98 P0022；	调用子程序铣另一个人字内槽
N130	G69；	取消坐标旋转
N140	G68 X0 Y0 R240；	坐标旋转 240°
N150	M98 P0022；	调用子程序铣第三个人字内槽
	N160 G69；	取消坐标旋转
N170	G00 X0 Y0 Z100；	返回起刀点
N180	M05；	主轴停止
N190	M30；	程序结束返回程序头
	O0022；	子程序（铣人字槽）
N10	G00 X−5.5 Y−10；	快速移动点定位
N20	G00 G42 D01 Y0；	建立刀具半径右补偿，D01＝4.2
N30	G01 Z−2.8 F150 Y16；	直线插补下刀至 Z−2.8 mm；进行粗铣
N40	G02 X5.5 R−5.5；	
N50	G01 X5.5 Y0；	
N60	G00 Z10；	抬刀
N70	G00 G40 X−5.5 Y−10；	取消刀具半径右补偿
N80	S1200 M03；	主轴正转转速为 1 200 r/min
N90	G00 G42 D02 Y0；	建立刀具半径右补偿 D02＝4

（续表）

程序段号	加工程序	程序注释
N100	G01　Z−3　F120　Y16；	直线插补下刀至 Z−3 mm；进行精铣
N110	G02　X5.5　R−5.5；	
N120	G01　X5.5　Y0；	
N130	G00　Z10；	抬刀
N140	G00　G40　X0　Y0；	取消刀具半径右补偿
N150	M99；	子程序结束

3. 综合铣削实训（三）

1）零件图

加工如图 4−7−8 所示的零件。

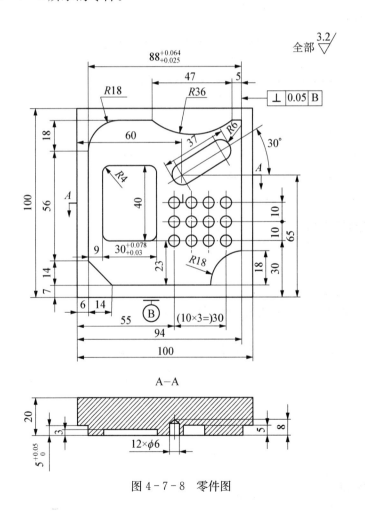

图 4−7−8　零件图

2）加工工艺分析

请自行完成表4-7-5的内容，即选择合适的加工工艺。

表4-7-5　加工工艺卡

刀具表		
切削用量		
	粗加工	精加工
主轴速度 S		
进给量 F		
切削深度 a_p		

3）加工程序

请自行完成表4-7-6的内容，即为图4-7-8所示零件编写加工程序。

表4-7-6　加工程序

加工程序	程序注释

4. 综合铣削实训（四）

1）零件图

加工如图4-7-9所示的零件。

2）加工工艺分析

请自行完成表4-7-7的内容，即选择合适的加工工艺。

表4-7-7　加工工艺卡

刀具表		
切削用量		
	粗加工	精加工
主轴速度 S		
进给量 F		
切削深度 a_p		

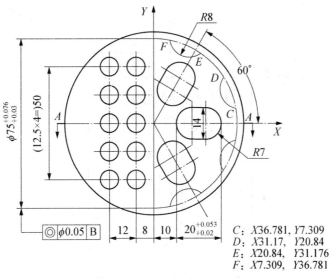

C：X36.781，Y7.309
D：X31.17，Y20.84
E：X20.84，Y31.176
F：X7.309，Y36.781

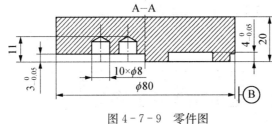

图 4-7-9　零件图

3）加工程序

请自行完成表 4-7-8 的内容，即为图 4-7-9 所示零件编写加工程序。

表 4-7-8　加工程序

加工程序	程序注释

5. 综合铣削实训（五）

1）零件图

加工如图 4-7-10 所示的零件。

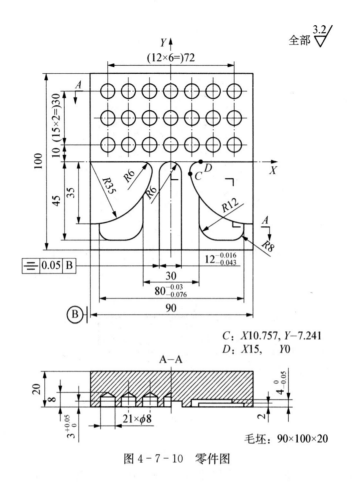

C: X10.757, Y-7.241
D: X15,   Y0

毛坯：90×100×20

图 4-7-10　零件图

2) 加工工艺分析

请自行完成表 4-7-9 的内容，即选择适合的加工工艺。

表 4-7-9　加工工艺卡

刀具表		
切削用量		
	粗加工	精加工
主轴速度 S		
进给量 F		
切削深度 a_p		

3) 加工程序

请自行完成表 4-7-10 的内容，即为图 4-7-10 所示零件编写加工程序。

表 4-7-10　加工程序

加工程序	程序注释

6. 综合铣削实训(六)

1) 零件图

加工如图 4-7-11 所示的零件。

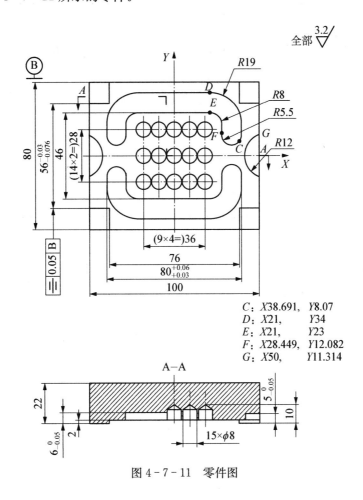

C：X38.691,　Y8.07
D：X21,　　　Y34
E：X21,　　　Y23
F：X28.449,　Y12.082
G：X50,　　　Y11.314

图 4-7-11　零件图

2) 加工工艺分析

请自行完成表 4-7-11 的内容,即选择合适的加工工艺。

表 4 - 7 - 11　加工工艺卡

刀具表		

切削用量		
	粗加工	精加工
主轴速度 S		
进给量 F		
切削深度 a_p		

3）加工程序

请自行完成表 4 - 7 - 12 的内容，即为 4 - 7 - 11 所示零件编写加工程序。

表 4 - 7 - 12　加工程序

加工程序	程序注释

参 考 文 献

[1] 熊光华. 数控机床[M]. 北京:机械工业出版社,2001.

[2] 李爱敏,吴志强. 数控加工编程与操作[M]. 北京:清华大学出版社,2010.

[3] 苑士学,陈广兵. 轴类零件车削加工[M]. 北京:科学出版社,2011.

[4] 丛娟. 数控加工工艺与编程[M]. 北京:机械工业出版社,2007.

[5] 吴志清. 数控车床综合实训[M]. 北京:中国人民大学出版社,2010.

[6] 姬瑞海. 数控编程与操作技能实训教程[M]. 北京:清华大学出版社,2010.

[7] 人力资源和社会保障部教材办公室上海市职业培训指导中心组织编写. 数控机床工[M]. 北京:中国
劳动社会保障出版社,2006.

[8] 人力资源和社会保障部教材办公室上海市职业培训指导中心组织编写. 加工中心操作工[M]. 北京:
中国劳动社会保障出版社,2006.

[9] 余英良,耿在丹. 数控铣生产案例型实训教程[M]. 北京:机械工业出版社,2009.

[10] 周晓宏. 数控加工技能综合实训(中级数控车工、数控铣工考证)[M]. 北京:机械工业出版社,2010.

[11] 陈海舟. 数控铣削加工宏程序及应用实例[M]. 北京:机械工业出版社,2007.

[12] 詹华西. 零件的数控车削加工[M]. 北京:电子工业出版社,2011.

[13] 沈建峰,金玉峰. 数控编程[M]. 北京:中国电力出版社,2008.

[14] 吴明友. 数控铣床培训教程[M]. 北京:机械工业出版社,2007.

[15] 陈子银. 加工中心操作工技能实践演练[M]. 北京:国防工业出版社,2007.

[16] 葛研军. 数控加工关键技术及应用[M]. 北京:科学出版社,2005.

[17] 田坤,聂广华,陈新亚等. 数控机床编程、操作与加工实训[M]. 北京:电子工业出版社,2008.

[18] 尚广庆. 数控加工工艺及编程[M]. 上海:上海交通大学出版社,2007.

[19] 崔元刚. 数控机床技术应用[M]. 北京:北京理工大学出版社,2006.

[20] 李银涛. 数控车床高级工操作技能鉴定[M]. 北京:化学工业出版社,2009.